带法向约束的自由曲线曲面拟合算法研究

寿华好　编著

科 学 出 版 社
北 京

内 容 简 介

本书专注于带法向约束的自由曲线曲面拟合算法。本书第 1 章给出了带法向约束的 B 样条曲线插值算法，第 2 章给出了带法向约束的代数曲线插值算法，第 3 章给出了带法向约束的 B 样条曲线逼近 PSO 算法，第 4 章给出了带法向约束的 B 样条曲线逼近 GA 算法，第 5 章给出了带法向约束的隐式曲线重构 PIA 算法，第 6 章给出了带法向约束的隐式曲面重构 PIA 算法，第 7 章给出了点法约束下的 HRBF 曲面插值算法，第 8 章给出了带法向约束的细分曲线设计算法，第 9 章给出了带法向约束的细分曲面设计算法，第 10 章给出了带法向约束的隐式 T 样条曲线重建算法，第 11 章给出了带法向约束的 T 样条曲面重建算法。

本书可作为高等院校应用数学或者计算机应用等专业的研究生或者本科生做科研时的参考书，也可以作为从事计算机辅助几何设计与计算机图形学研究或应用特别是对法向有特别要求的比如从事光学反射面设计的其他科技工作者的参考用书。

图书在版编目（CIP）数据

带法向约束的自由曲线曲面拟合算法研究 / 寿华好编著. -- 北京 : 科学出版社, 2024. 9. -- ISBN 978-7-03-079547-2

Ⅰ. O24

中国国家版本馆 CIP 数据核字第 2024HZ2424 号

责任编辑：陈 静 / 责任校对：胡小洁
责任印制：师艳茹 / 封面设计：迷底书装

科学出版社出版
北京东黄城根北街 16 号
邮政编码：100717
http:// www.sciencep.com
北京九州迅驰传媒文化有限公司印刷
科学出版社发行 各地新华书店经销
*
2024 年 9 月第 一 版 开本：720×1000 1/16
2025 年 1 月第二次印刷 印张：10 1/4 插页：2
字数：204 000

定价：98.00 元

前　言

给定一组平面或者空间数据点，要求构造一条曲线或者一张曲面严格经过这些数据点，这个过程称为插值（interpolation）。在大多数情况下，测量或者设计的数据点本身就带有误差，要求严格通过数据点就没有什么意义，更合理的做法应该是使构造的曲线或者曲面在某种意义下最为接近给定的数据点，这个过程称为逼近（approximation）。插值和逼近统称为拟合（fitting）。在某些特殊的应用领域比如光学反射面设计问题中，除了要求拟合数据点之外，更重要的是拟合法向，因为光是通过法向反射的。从而带法向约束的自由曲线曲面拟合问题就显得非常重要。

本书总结了浙江工业大学理学院可视计算（Visual Computing）团队从2007年到2023年有关带法向约束的自由曲线曲面拟合算法科研成果。主要给出了带法向约束的B样条曲线插值算法、带法向约束的代数曲线插值算法、带法向约束的B样条曲线逼近PSO算法、带法向约束的B样条曲线逼近GA算法、带法向约束的隐式曲线重构PIA算法、带法向约束的隐式曲面重构PIA算法、点法约束下的HRBF曲面插值算法、带法向约束的细分曲线设计算法、带法向约束的细分曲面设计算法、带法向约束的隐式T样条曲线重建算法、带法向约束的T样条曲面重建算法等算法。

本书在写作和出版过程中得到了浙江工业大学2024年学科建设经费以及国家自然科学基金（项目号：61572430）等经费的资助。由于作者水平有限，时间仓促，疏漏之处在所难免，恳请读者批评指教。

作者

2024年6月16日

于浙江工业大学屏峰校区理学A楼

目　录

第1章　带法向约束的B样条曲线插值算法

近年来，计算机辅助几何设计（computer aided geometric design，CAGD）理论以及其实际应用都得到飞速的发展，参数曲线特别是具备局部可调性并且可以表示复杂形状的B样条曲线在计算机辅助几何设计的发展长河中占据了相当重要的位置，并且日渐成了一种通用的设计和研究工具。在生活及工业生产设计应用中，B样条曲线曲面的用途涉及范围相当广泛，如在汽车工业上计算机辅助设计（computer-aided design，CAD）软件上的应用，牙齿模型修复、整形医疗等医学上的成像应用，以及动画影片的制作的应用等。因此，随着应用范围越来越广，新的问题不断出现，为满足实践生产设计的需要，关于B样条曲线曲面性质及造型方法的研究一直从未间断。

近些年来国内外的学者和研究人员的研究工作一直在持续发展，特别是最为常用的三次B样条曲线的研究，包括1994年王文仲等[1]提出的一种保凸均匀三次B样条插值曲线，2010年杜智杰等在文献[2]中提出的面向修复过程的B样条曲线的插值以及2013年叶铁丽等[3]提出的一种基于误差控制的自适应三次B样条曲线的插值。此外，在型值点上添加法向（切向），或曲率等约束，使得插值得到的曲线更适用于应用的研究也屡见不鲜。例如，Piegl等[4]提出通过求解非线性方程组方法求出满足点切向（点法向）约束的三次均匀B样条曲线的插值算法；2007年潘日晶[5]提出满足型值点处的切向约束的二次B样条曲线的插值算法；2009年Gofuku等[6]提出满足型值点处法向约束的B样条曲线插值的几何算法，以及2010年Abbas等[7]提出一种满足型值点及其法向和曲率约束的三次 B 样条曲线插值的构造算法。

在已有的插值顶点-法向的 B 样条曲线的算法理论基础之上，我们通过研究在本章提出一种新的几何构造算法：依据三次均匀 B 样条曲线的控制顶点、曲线段端点及其法向等的特殊性质，设计启发式参数，添加适当的控制顶点，构造新的控制多边形，求得插值给定型值点及法向的三次均匀 B 样条曲线[8]。

1.1 预备知识

1.1.1 B样条曲线

对于给定的型值点，B 样条曲线需要定义一组非下降的分割点：

$$t_0 < t_1 < \cdots < t_{r-1} < t_r$$

这样，定义了一个节点向量：

$$\boldsymbol{T} = (t_0, t_1, \cdots, t_{r-1}, t_r)$$

定义 1.1 B 样条基函数 $N_{i,k}(t)$ 是定义在参数节点 $\boldsymbol{T} = (t_0, t_1, \cdots, t_{r-1}, t_r)$ 上的 k 次分段多项式，其满足以下递推公式。

（1）当 $k \geqslant 1$ 时：

$$N_{i,k}(t) = \frac{t - t_i}{t_{i+k} - t_i} N_{i,k-1}(t) + \frac{t_{i+k+1} - t}{t_{i+k+1} - t_{i+1}} N_{i+1,k-1}(t)$$

（2）当 $k = 0$ 时：

$$N_{i,k}(t) = \begin{cases} 1, & t_i \leqslant t \leqslant t_{i+1} \\ 0, & \text{其他} \end{cases}$$

其中，$i = 0, 1, \cdots, r - k - 1$。

定义 1.2 B 样条曲线是分段参数多项式曲线：

$$\boldsymbol{S}(u) = \sum \boldsymbol{d}_i N_{i,k}(u)$$

其中，$\boldsymbol{d}_i$ 称作控制顶点，也称为 de Boor 点，连接它们形成的折线叫作控制多边形，也称为 de Boor 多边形；作为调配函数的 $N_{i,k}(u)$ 是定义 1.1 中的 B 样条基函数。

定义 1.3 给定 $m+n+1$ 个平面或空间顶点 $\boldsymbol{P}_i(i=0,1,\cdots,m+n)$，称 n 次参数曲线段 $\boldsymbol{P}_{k,n}(t)=\sum_{i=0}^{n}\boldsymbol{P}_{i+k}G_{i,n}(t)$，$t\in[0,1]$ 为第 k 段 n 次均匀 B 样条曲线段 $(k=0,1,\cdots,m)$，这些曲线段的全体称为 n 次均匀 B 样条曲线，顶点 $\boldsymbol{P}_i(i=0,1,\cdots,m+n)$ 所组成的多边形称为 n 次均匀 B 样条曲线的特征多边形。其中基函数为

$$G_{i,n}(t)=\frac{1}{n!}\sum_{j=0}^{n-i}(-1)^j C_{n+1}^j(t+n-i-j)^n$$

其中，$C_{n+1}^j=\dfrac{(n+1)!}{j!(n+1-j)!}$ 为组合数，$t\in[0,1]$，$i=0,1,\cdots,n$。

1.1.2 三次均匀B样条曲线的定义和性质

定义 1.4 三次均匀 B 样条曲线段为

$$\boldsymbol{P}_{0,3}(t)=\sum_{i=0}^{3}\boldsymbol{P}_i G_{i,3}(t)$$

其矩阵形式为

$$\boldsymbol{P}_{0,3}(t)=\frac{1}{6}\left[1,t,t^2,t^3\right]\begin{bmatrix}1 & 4 & 1 & 0\\ -3 & 0 & 3 & 0\\ 3 & -6 & 3 & 0\\ -1 & 3 & -3 & 1\end{bmatrix}\begin{bmatrix}\boldsymbol{P}_0\\ \boldsymbol{P}_1\\ \boldsymbol{P}_2\\ \boldsymbol{P}_3\end{bmatrix},\quad t\in[0,1]$$

根据三次均匀 B 样条曲线的定义可知，影响一段三次均匀 B 样条曲线的控制顶点最少是 4 个。因此，把均匀三次 B 样条曲线控制多边形上的 3 个控制顶点 $\boldsymbol{A}$、$\boldsymbol{B}$、$\boldsymbol{C}$ 之后的控制顶点记作 $\boldsymbol{D}$，研究以 $\boldsymbol{ABCD}$ 为控制多边形得到对应一段三次均匀 B 样条曲线为插值曲线的方法。

性质 1.1（端点性质） 将控制顶点 $\boldsymbol{A}$、$\boldsymbol{B}$、$\boldsymbol{C}$ 和 $\boldsymbol{D}$ 代入定义 1.4 矩阵形式，并令参数 $t=0$，则得到对应三次均匀 B 样条曲线段的起点为

$$\boldsymbol{B}'=\boldsymbol{P}_{0,3}(0)=\frac{1}{6}(\boldsymbol{A}+4\boldsymbol{B}+\boldsymbol{C})$$

这样就是说在 $\Delta\boldsymbol{ABC}$ 凸包之内的 B 样条曲线段一定插值顶点 $\boldsymbol{P}_{0,3}(0)$，即 $\boldsymbol{B}'$（图 1.1）。

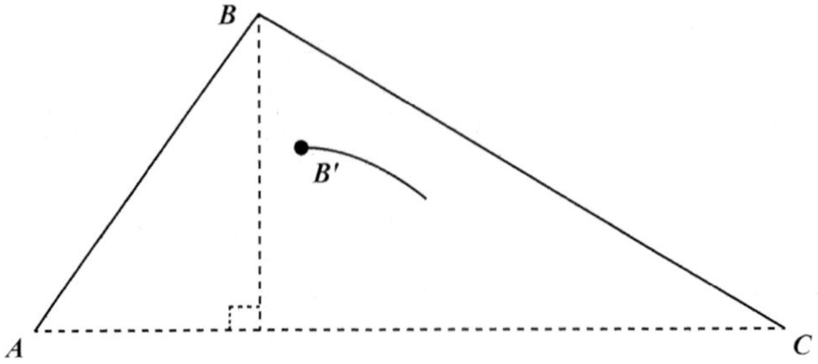

图 1.1　三次均匀 B 样条曲线段端点位置 $\boldsymbol{B}'$

性质 1.2（切向性质）　三次均匀 B 样条曲线的切向的矩阵形式为

$$\boldsymbol{P}_{0,3}'(t)=\frac{1}{6}\left[0,1,2t,3t^2\right]\begin{bmatrix}1&4&1&0\\-3&0&3&0\\3&-6&3&0\\-1&3&-3&1\end{bmatrix}\begin{bmatrix}\boldsymbol{P}_0\\\boldsymbol{P}_1\\\boldsymbol{P}_2\\\boldsymbol{P}_3\end{bmatrix},\quad t\in[0,1]$$

则在曲线段起点处的切向量：

$$\boldsymbol{P}_{0,3}'(0)=\frac{1}{2}\left(\boldsymbol{P}_2-\boldsymbol{P}_0\right)$$

也就是说在 $\Delta\boldsymbol{ABC}$ 内的曲线段，起点 $\boldsymbol{B}'=\frac{1}{6}(\boldsymbol{A}+4\boldsymbol{B}+\boldsymbol{C})$ 处的切向量 $\boldsymbol{T}$ 平行于底边 $\boldsymbol{AC}$，也即 $\boldsymbol{B}'$ 点处的法向与底边 $\boldsymbol{AC}$ 边上的高平行（图 1.2）。

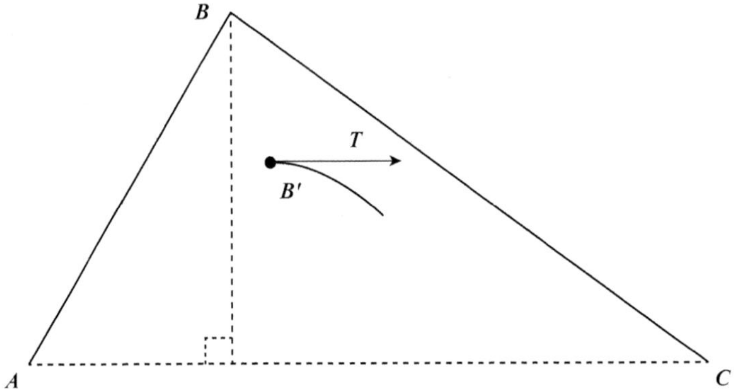

图 1.2　三次均匀 B 样条曲线段端点 $\boldsymbol{B}'$ 处的切向量 $\boldsymbol{T}$ 平行于底边 $\boldsymbol{AC}$

三次均匀 B 样条曲线矩阵形式：

$$P_{0,3}(t)=\frac{1}{6}\left[1,t,t^2,t^3\right]\begin{bmatrix}1 & 4 & 1 & 0\\ -3 & 0 & 3 & 0\\ 3 & -6 & 3 & 0\\ -1 & 3 & -3 & 1\end{bmatrix}\begin{bmatrix}P_0\\ P_1\\ P_2\\ P_3\end{bmatrix},\quad t\in[0,1]$$

分别代入$t=0$和$t=1$，得到三次均匀B样条曲线的起始端点为

$$P_{0,3}(0)=\frac{1}{3}\left(\frac{P_2+P_0}{2}\right)+\frac{2}{3}P_1$$

$$P_{0,3}(1)=\frac{1}{3}\left(\frac{P_1+P_3}{2}\right)+\frac{2}{3}P_2$$

1.2　带法向约束的三次均匀B样条曲线的构造

1.2.1　问题要求

给定一组待插值型值点，并在每一个待插值型值点上添加一个法向量。问题研究的开始，需要按三个连续的型值点为一组进行考虑。记一组连续型值点A,B,C，顶点坐标分别记为$(x_A,y_A),(x_B,y_B),(x_C,y_C)$，对应法向量分别记作$N_A,N_B,N_C$。需要研究的是构造出控制多边形的方法，使得其对应的三次均匀B样条曲线段满足以下条件：

（1）该三次均匀B样条曲线段插值给定的型值顶点A,B,C；

（2）该三次均匀B样条曲线段在型值点A,B,C处的法向量分别平行于给定的法向量N_A,N_B,N_C。

1.2.2　控制多边形的构造

为了构造适当的控制多边形，使得到的三次均匀B样条曲线段插值端点A,C，则可以根据性质1.1（端点性质）在A,C两端各添加一个控制顶点A_0,C_0，并且根据性质1.2（切向性质）知得到的B样条曲线段在A点处的切向与控制多边形的第一条边A_0A平行，在C点处的切向与控制多边形的最后一条边CC_0平行。

由已知A点处的切向平行于控制多边形的第一条边A_0A，以及已知A点处的法向量N_A和A_0的添加办法，可知在垂直于法向N_A且经过点A的直线

L_A 上存在控制多边形的一个顶点，设为 $\boldsymbol{A}'$，记 $\boldsymbol{A}'$ 的坐标$(x_{A'}, y_{A'})$。

同理已知曲线段在 $\boldsymbol{C}$ 点处的切向平行于控制多边形的最后一条边 $\boldsymbol{CC}_0$，根据 $\boldsymbol{C}$ 点处的法向量以及 $\boldsymbol{C}_0$ 的添加办法可知在经过 $\boldsymbol{C}$ 点且垂直于法向 $\boldsymbol{N}_C$ 的直线 L_C 上存在一点 $\boldsymbol{C}'$，其是对应的 B 样条曲线段的控制多边形上的一点，记 $\boldsymbol{C}'$ 点处的坐标为$(x_{C'}, y_{C'})$。

再由切向性质 1.2 以及待构造的 $\boldsymbol{A}',\boldsymbol{B}',\boldsymbol{C}'$ 三点与 $\boldsymbol{B}$ 点的关系可知，$\boldsymbol{B}$ 点处的法向垂直于 $\boldsymbol{A}',\boldsymbol{C}'$ 所在直线，则可根据 $\boldsymbol{B}$ 点处给定的法向量 $\boldsymbol{N}_B$ 得到垂直于该法向量的直线 L_B，计算出直线 L_A 与直线 L_B 的交点，即为点 $\boldsymbol{A}'$；计算出直线 L_B 与直线 L_C 的交点，即为点 $\boldsymbol{C}'$。

确定 $\boldsymbol{B}'$ 点的位置。设 $\boldsymbol{B}'$ 点的坐标为$(x_{B'}, y_{B'})$，由端点性质 1.1 可知，$\boldsymbol{B}$ 与 $\boldsymbol{A}'\boldsymbol{B}'\boldsymbol{C}'$ 的坐标满足关系式：

$$\boldsymbol{B} = \frac{1}{6}(\boldsymbol{A}' + 4\boldsymbol{B}' + \boldsymbol{C}')$$

即

$$\boldsymbol{B}' = \frac{1}{4}(6\boldsymbol{B} - \boldsymbol{A}' - \boldsymbol{C}') \tag{1.1}$$

由此得到顶点 $\boldsymbol{A}',\boldsymbol{B}',\boldsymbol{C}'$ 的坐标，得到新的控制多边形 $\boldsymbol{AA}'\boldsymbol{B}'\boldsymbol{C}'\boldsymbol{C}$，这样会得到一条对应的三次均匀 B 样条曲线插值 $\boldsymbol{B}$ 点，并且该曲线段在 $\boldsymbol{B}$ 点处的法向为 $\boldsymbol{N}_B$。

最后需添加新的控制顶点 $\boldsymbol{A}_0$ 和 $\boldsymbol{C}_0$，满足端点性质：

$$\boldsymbol{A} = \frac{1}{3}\left(\frac{\boldsymbol{A}_0 + \boldsymbol{A}'}{2}\right) + \frac{2}{3}\boldsymbol{A}$$

$$\boldsymbol{C} = \frac{1}{3}\left(\frac{\boldsymbol{C}_0 + \boldsymbol{C}'}{2}\right) + \frac{2}{3}\boldsymbol{C}$$

即得到新的坐标：

$$\boldsymbol{A}_0 = 2\boldsymbol{A} - \boldsymbol{A}' \tag{1.2}$$

$$\boldsymbol{C}_0 = 2\boldsymbol{C} - \boldsymbol{C}' \tag{1.3}$$

最终以 $\boldsymbol{A}_0\boldsymbol{AA}'\boldsymbol{B}'\boldsymbol{C}'\boldsymbol{CC}_0$ 为控制多边形构造插值型值点 $\boldsymbol{A},\boldsymbol{B},\boldsymbol{C}$ 的三次均匀 B 样条曲线 l_{bsp}，则 l_{bsp} 满足在插值点 $\boldsymbol{A},\boldsymbol{B},\boldsymbol{C}$ 三点处的法向约束（图 1.3）。

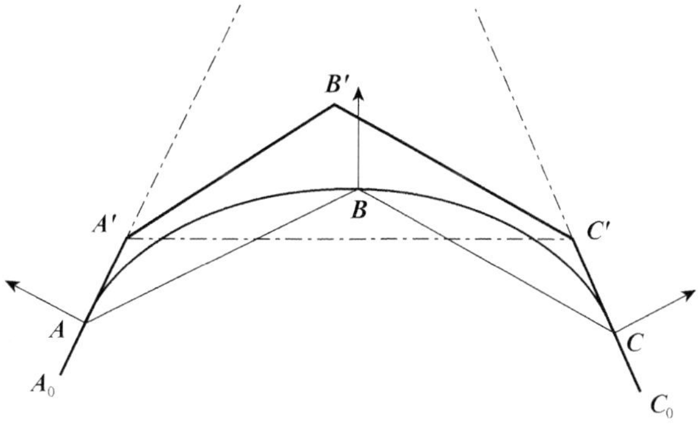

图 1.3　控制多边形的构造

1.2.3　构造流程

插值型值点和法向量的三次 B 样条曲线的构造流程如下。

（1）首先分别计算出三个给定法向量 $\boldsymbol{N}_A,\boldsymbol{N}_B,\boldsymbol{N}_C$ 的垂直向量 $\boldsymbol{N}'_A,\boldsymbol{N}'_B,\boldsymbol{N}'_C$。

（2）根据垂直向量计算出经过点 $\boldsymbol{A}$ 且以 $\boldsymbol{N}'_A$ 为切向的直线 L_A，经过点 $\boldsymbol{C}$ 且以 $\boldsymbol{N}'_C$ 为切向的直线 L_C。

（3）计算出以 $\boldsymbol{A},\boldsymbol{B},\boldsymbol{C}$ 为顶点围成的 $\Delta\boldsymbol{ABC}$ 底边 $\boldsymbol{AC}$ 上的高 $\boldsymbol{BH}$。

（4）根据 $\boldsymbol{B}$ 点坐标，$\boldsymbol{B}$ 点处的法向量以及求出的高 $\boldsymbol{BH}$，求出 $\boldsymbol{B}$ 点沿其法向 $\boldsymbol{N}_B$ 移动高 $\boldsymbol{BH}$ 的 α 倍距离，得到点 $\boldsymbol{h}$ 坐标；计算出经过点 $\boldsymbol{h}$ 且以 $\boldsymbol{N}'_B$ 为切向的直线 L_B（α 是与 $\Delta\boldsymbol{ABC}$ 面积相关的系数）。

（5）计算直线 L_A 与直线 L_B 的交点，得到点 $\boldsymbol{A}'$ 的坐标，同理计算直线 L_B 与直线 L_C 的交点，得到 $\boldsymbol{C}'$ 的坐标，再根据式（1.1）计算出 $\boldsymbol{B}'$ 的坐标。

（6）求得 $\boldsymbol{A}',\boldsymbol{C}'$ 的坐标以及已知 $\boldsymbol{A},\boldsymbol{C}$ 的坐标，根据式（1.2）和式（1.3）计算出 $\boldsymbol{A}_0$ 和 $\boldsymbol{C}_0$ 的坐标。

（7）已求出各新添控制顶点 $\boldsymbol{A}_0,\boldsymbol{A}',\boldsymbol{B}',\boldsymbol{C}',\boldsymbol{C}_0$，可求出对应的三次 B 样条曲线。

1.3　算法实现

例 1.1　给定的待插值型值点为

$$\boldsymbol{A}(701,332)，\boldsymbol{B}(585,224)，\boldsymbol{C}(428,323)$$

型值点处的法向量分别为

$$(-1,-1),\quad (1,-3),\quad (1,-1)$$

得到的三次均匀 B 样条曲线如图 1.4 所示。

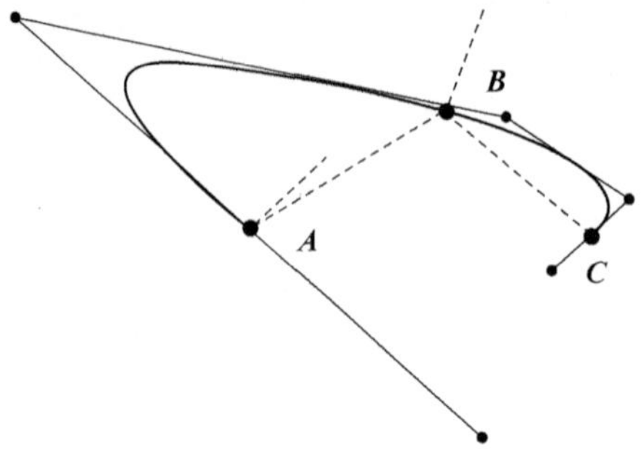

图 1.4　例 1.1 图形

例 1.2　给定的待插值型值点为

$$\boldsymbol{A}(692,294),\ \boldsymbol{B}(391,236),\ \boldsymbol{C}(435,323)$$

型值点处的法向量分别为

$$(-1,-1),\quad (1,-3),\quad (1,-1)$$

得到的三次均匀 B 样条曲线如图 1.5 所示。

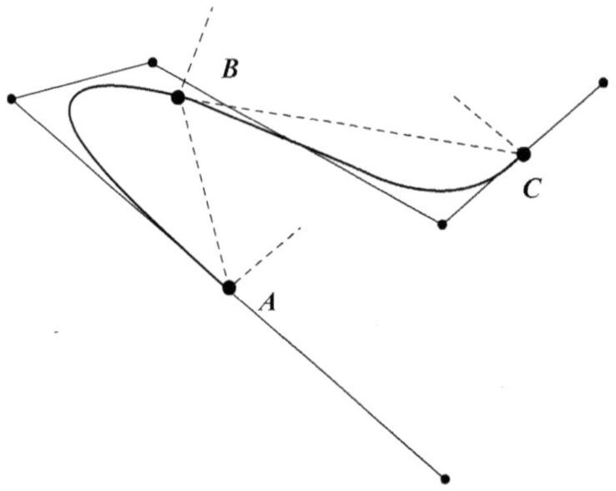

图 1.5　例 1.2 图形

图 1.4 和图 1.5 中，虚线连接待插值的型值点，各型值点上虚线为对应的法向量，实线连接新的控制顶点得到新的控制多边形，曲线为求得的插值型值点及满足法向约束的三次均匀 B 样条曲线（3 个型值点）。

例1.3　给定的待插值型值点如下：

A(350,461)，***B***(438,384)，***C***(529,464)，***D***(586,383)，***E***(676,339)，***F***(468,219)

型值点处的法向量分别为

$$(-1,-1),\ (1,-3),\ (1,1),\ (1,-1),\ (1,-3),\ (1,-1)$$

得到的三次均匀 B 样条曲线如图 1.6 所示。

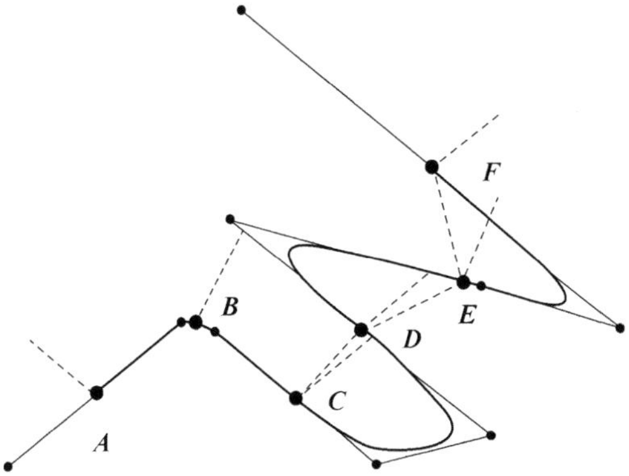

图 1.6　例 1.3 图形

例1.4　给定的待插值型值点为

A(303,318)，***B***(404,276)，***C***(473,342)，***D***(590,238)，***E***(703,215)，***F***(789,279)

型值点处的法向量分别为

$$(-1,-1),\ (1,-3),\ (1,1),\ (1,-1),\ (1,-3),\ (1,-1)$$

得到的三次均匀 B 样条曲线如图 1.7 所示。

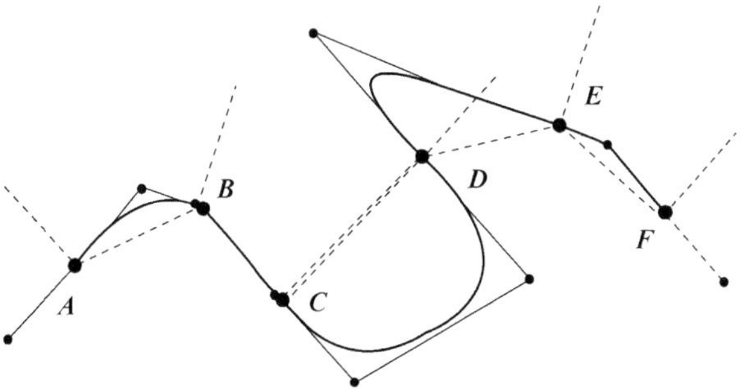

图 1.7　例 1.4 图形

图 1.6 和图 1.7 中虚线连接待插值的型值点，型值点上虚线向量为对应的法向量，实线连接新的控制顶点得到新的控制多边形，曲线为求得的插值型值点及满足法向约束的三次均匀 B 样条曲线（6 个型值点）。

1.4 算法对比

本章提出的算法与星蓉生等[9]提出的渐进迭代逼近（progressive and iterative approximation，PIA）算法都是通过构造控制多边形以求得满足插值数据点及切向（法向）的三次均匀 B 样条曲线。PIA 算法是根据待插值点序列位置的奇偶性按照给定的迭代公式不断调整控制顶点，来构造控制多边形的。算法实现过程中，随着迭代次数不断增加，给定的型值点的逼近误差及切向量（法向量）的逼近误差在不断减少，得到的迭代曲线的极限曲线插值给定的数据点和相应的型值点上的切向量（法向量）。而本章提出的算法则是通过几何性质计算新的控制顶点，无须迭代计算的过程，即可得到严格插值数据点及法向无偏差的曲线，因此算法在计算时间效率上以及误差分析上都具有一定的优势，如图 1.8 和表 1.1 所示，图 1.8（a）中虚线连接型值点和控制顶点，图 1.8（b）中虚线连接待插值的型值点。

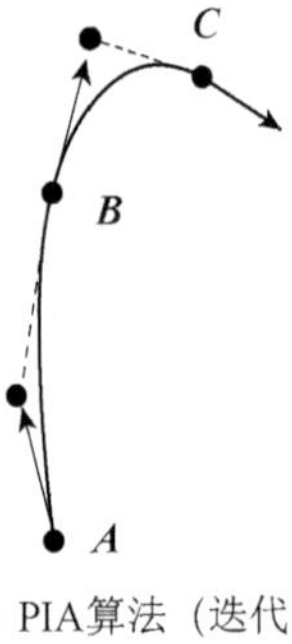

（a）PIA算法（迭代10次）

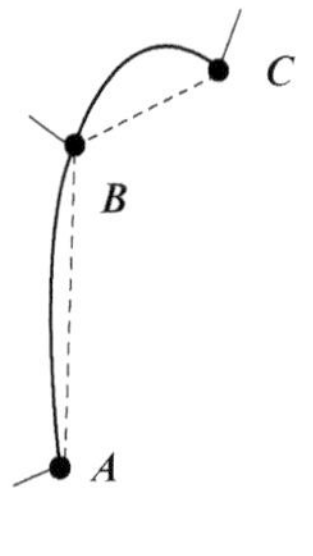

（b）本章提出的几何构造算法

图 1.8　算法的比较

表 1.1　误差分析

算法类别	PIA 算法	本章提出的几何构造算法
数据点误差	6.66×10^{-5}	0.00
切（法）向误差	6.55×10^{-5}	0.00

1.5 本章小结

本章主要针对添加了法向量约束的三次均匀B样条曲线插值算法进行了研究，在已有的算法基础之上，提出了满足插值型值点并且在型值点处满足法向约束的三次均匀B样条曲线几何构造算法。该算法是基于添加适当控制顶点以构造新的B样条曲线的控制多边形来生成三次均匀B样条曲线，其优点如下：

（1）构造的三次均匀B样条曲线是严格插值给定的型值点的；

（2）该三次均匀B样条曲线在型值点处的法向与给定的法向是无误差的；

（3）算法的计算都为简单的几何三角形性质计算，计算简便且效率高。

但同时，该算法存在的不足之处是：局限于三次均匀B样条曲线的插值研究，且当待插值顶点较多时，新添的控制顶点数量随之增多；法向非连续变化时，算法得到的三次均匀B样条曲线可能会出现期望之外的自交。此外，当出现三个连续待插值点 $\boldsymbol{A},\boldsymbol{B},\boldsymbol{C}$ 共线，并且法向 $\boldsymbol{N}_A /\!/ \boldsymbol{N}_B /\!/ \boldsymbol{N}_C$ 的高度退化情况时，该算法将不再适用。因三点共线且法向平行，不能构成三角形，即不能求得对应的与构成的三角形有关的参数 α，因此算法不适用于高度退化的情形。

作为对本章提出的算法的扩展，可以进一步探讨该算法是否适用于B样条曲面在型值点和法向约束下的插值。

参考文献

[1] 王文仲，方逵. 保凸均匀三次B样条插值曲线. 国防科技大学学报, 1994, 16(4): 84-87.

[2] 杜智杰，高健. 面向修复过程的B样条曲线的插值及其误差分析. 机电工程技术, 2010, 39(10): 54-56.

[3] 叶铁丽，李学艺，曾庆良. 基于误差控制的自适应3次B样条曲线插值. 计算机工程与

应用, 2013, 49(1): 199-216.

[4] Piegl L, Tiller W. The NURBS Book. 2nd ed. New York: Springer-Verlag, 1997.

[5] 潘日晶. 满足数据点切向约束的二次 B 样条插值曲线. 计算机学报, 2007, 30(12): 2132-2141.

[6] Gofuku S, Tamura S, Maekawa T. Point-tangent/point-normal B-spline curve interpolation by geometric algorithms. Computer-Aided Design, 2009, 41(6): 412-422.

[7] Abbas A, Nasri A, Maekawa T. Generating B-spline curves with points,normal and curvature constraints: A constructive approach. The Visual Computer, 2010, 26(6-8): 823-829.

[8] 胡巧莉, 寿华好. 带法向约束的 3 次均匀 B 样条曲线插值. 浙江大学学报(理学版), 2014, 41(6): 619-623.

[9] 星蓉生, 潘日晶. 三次均匀 B 样条曲线插值数据点及其切矢的 PIA 算法. 福建师范大学学报(自然科学版), 2014, 30(1): 25-32.

第2章　带法向约束的代数曲线插值算法

参数曲线在计算机辅助几何设计中一直占据着举足轻重的位置，已有大量关于参数曲线的研究，并且研究成果已相当成熟。参数多项式曲线中的Bèzier曲线，具有形状控制灵活、特殊的端点插值性质、凸包性等优良性质，受到广大学者的广泛重视。B样条曲线更是增加了Bèzier曲线不具备的形状局部可调的优良性质，并且可以表示相当复杂的形状，学者们对于B样条曲线曲面理论实践的研究更是趋于成熟。

虽然参数曲线在计算机辅助几何设计及生产实践中的应用占据较大的比重，但是这并没有阻挡相当一部分学者和研究人员进行代数曲线插值方面的研究。对于代数曲线插值，尤其是添加重要的约束（如切向或法向、曲率约束等）条件下，如何构造带几何约束的插值代数曲线的研究成果并不多。张三元等[1]提出一种代数曲线插值算法：在几何约束下来设计算法实现曲线插值。这些添加的几何约束包括插值型值点、插值一列有序型值点的始末两端点处的切向量（法向量）以及插值始末两端点处的曲率等。文献[1]中的构造方法不仅降低了曲线插值计算过程的复杂程度，还使得得到的插值曲线具备了易于实现给定离散数据的插值等优点。姜占伟等[2]提出了一种隐式二次代数曲线的插值算法，给定平面上的两个型值点及型值点处的切线，通过型值点及切向的约束构造方程组，通过求解方程组构造隐式二次代数曲线。

本章要进行的是关于带有法向量约束的代数曲线的插值算法的研究。在已有的学术研究基础之上，提出一种构造代数曲线簇的新算法。本章提出的算法使得构造的代数曲线经过给定的型值点，且在每一个型值点处的法向与给定的法线平行。为方便起现，选取了在生产设计中最为常用的三次及四次代数曲线为研究对象。同时，考虑到平面曲线的切向量与法向量之间存在着一定的关联，为了表示以及计算的方便，本章统一将法向转化成切向进行研究[3]。

2.1 插值平面上三个型值点及各型值点上切向的三次代数曲线

2.1.1 问题要求

给定平面上三型值点 $\boldsymbol{P}_1,\boldsymbol{P}_2,\boldsymbol{P}_3$ 以及三型值点上的切线 l_1,l_2,l_3。要求构造一条三次代数曲线，该曲线经过给定的三个型值点并且在三型值点上的切线分别为 l_1,l_2,l_3。

2.1.2 三次代数曲线的构造方法

如图 2.1 所示，l_4 是经过 $\boldsymbol{P}_1,\boldsymbol{P}_2$ 的直线，l_5 是经过 $\boldsymbol{P}_2,\boldsymbol{P}_3$ 的直线，l_6 是经过 $\boldsymbol{P}_1,\boldsymbol{P}_3$ 的直线。六条直线的方程用式（2.1）表示：

$$l_i(x,y)=a_ix+b_iy+c_i=0 \quad (i=1,2,\cdots,6) \tag{2.1}$$

其中，各直线方程中的系数 a_i,b_i,c_i 是标准化了的，即

$$a_i^2+b_i^2+c_i^2=1 \quad (i=1,2,\cdots,6)$$

且三角形内任一点 $\boldsymbol{P}(x,y)$，都有

$$l_i(\boldsymbol{P})=l_i(x,y)>0 \quad (i=1,2,\cdots,6)$$

则构造三次代数曲线簇：

$$C(\lambda):f(x,y)=(1-\lambda)l_1l_2l_3+\lambda l_4l_5l_6 \tag{2.2}$$

其中，变量 λ 是参数。现证明三次代数曲线簇 $C(\lambda)$ 经过三型值点 $\boldsymbol{P}_1,\boldsymbol{P}_2,\boldsymbol{P}_3$，并且在三型值点处的切线分别为 l_1,l_2,l_3。

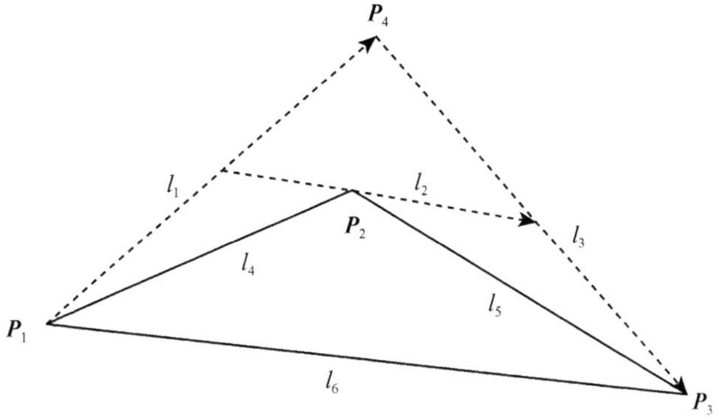

图 2.1　给定三个型值点和三切线

1）证明三次代数曲线簇 $C(\lambda)$ 插值型值点 $\boldsymbol{P}_1, \boldsymbol{P}_2, \boldsymbol{P}_3$

已知直线 l_1, l_4, l_6 经过 $\boldsymbol{P}_1$ 点，故

$$l_1(\boldsymbol{P}_1) = l_4(\boldsymbol{P}_1) = l_6(\boldsymbol{P}_1) = 0$$

代入式（2.2），可得

$$C(\boldsymbol{P}_1): f(\boldsymbol{P}_1) = f(x_{P_1}, y_{P_1}) = 0$$

即三次代数曲线簇 $C(\lambda)$ 经过型值点 $\boldsymbol{P}_1$。同理，直线 l_2, l_4, l_5 经过型值点 $\boldsymbol{P}_2$，即

$$l_2(\boldsymbol{P}_2) = l_4(\boldsymbol{P}_2) = l_5(\boldsymbol{P}_2) = 0$$

同样代入式（2.2），可得

$$C(\boldsymbol{P}_2): f(\boldsymbol{P}_2) = f(x_{P_2}, y_{P_2}) = 0$$

即三次代数曲线簇 $C(\lambda)$ 经过型值点 $\boldsymbol{P}_2$。直线 l_3, l_5, l_6 经过型值点 $\boldsymbol{P}_3$，即

$$l_3(\boldsymbol{P}_3) = l_5(\boldsymbol{P}_3) = l_6(\boldsymbol{P}_3) = 0$$

代入式（2.2），可得

$$C(\boldsymbol{P}_3): f(\boldsymbol{P}_3) = f(x_{P_3}, y_{P_3}) = 0$$

即三次代数曲线簇 $C(\lambda)$ 经过型值点 $\boldsymbol{P}_3$。

综上，构造的三次代数曲线簇经过给定的型值点 $\boldsymbol{P}_1, \boldsymbol{P}_2, \boldsymbol{P}_3$。

2）证明三次曲线簇 $C(\lambda)$ 在型值点处的切向分别与 l_1, l_2, l_3 平行

计算三次曲线簇在型值点处的法向量。由式（2.2）可得

$$\begin{cases} f_x = (1-\lambda)\left(l_{1x}l_2l_3 + l_1l_{2x}l_3 + l_1l_2l_{3x}\right) + \lambda\left(l_{4x}l_5l_6 + l_4l_{5x}l_6 + l_4l_5l_{6x}\right) \\ f_y = (1-\lambda)\left(l_{1y}l_2l_3 + l_1l_{2y}l_3 + l_1l_2l_{3y}\right) + \lambda\left(l_{4y}l_5l_6 + l_4l_{5y}l_6 + l_4l_5l_{6y}\right) \end{cases} \tag{2.3}$$

其中，下标 x 表示对 x 求偏导；下标 y 表示对 y 求偏导。由于 $\boldsymbol{P}_1$ 是直线 l_1,l_4,l_6 的交点，所以有

$$l_1(\boldsymbol{P}_1) = l_4(\boldsymbol{P}_1) = l_6(\boldsymbol{P}_1) = 0$$

代入式（2.3），可得

$$\begin{cases} f_x(\boldsymbol{P}_1) = (1-\lambda)l_2l_3l_{1x} \\ f_y(\boldsymbol{P}_1) = (1-\lambda)l_2l_3l_{1y} \end{cases} \tag{2.4}$$

则三次代数曲线簇 $C(\lambda)$ 与直线 l_1 在 $\boldsymbol{P}_1$ 点处有相同的法向量，即曲线簇 $C(\lambda)$ 在 $\boldsymbol{P}_1$ 点处的切线为 l_1。

同理，$\boldsymbol{P}_2$ 是直线 l_2,l_4,l_5 的交点，即

$$l_2(\boldsymbol{P}_2) = l_4(\boldsymbol{P}_2) = l_5(\boldsymbol{P}_2) = 0$$

代入式（2.3），可得

$$\begin{cases} f_x(\boldsymbol{P}_2) = (1-\lambda)l_1l_3l_{2x} \\ f_y(\boldsymbol{P}_2) = (1-\lambda)l_1l_3l_{2y} \end{cases} \tag{2.5}$$

则曲线簇 $C(\lambda)$ 与直线 l_2 在点 $\boldsymbol{P}_2$ 处有相同的法向量，即 $C(\lambda)$ 在 $\boldsymbol{P}_2$ 点处的切线为 l_2。

$\boldsymbol{P}_3$ 是直线 l_3,l_5,l_6 的交点，即

$$l_3(\boldsymbol{P}_3) = l_5(\boldsymbol{P}_3) = l_6(\boldsymbol{P}_3) = 0$$

代入式（2.3），可得

$$\begin{cases} f_x(\boldsymbol{P}_3) = (1-\lambda)l_1l_2l_{3x} \\ f_x(\boldsymbol{P}_3) = (1-\lambda)l_1l_2l_{3y} \end{cases} \tag{2.6}$$

则曲线簇 $C(\lambda)$ 与直线 l_3 在 $\boldsymbol{P}_3$ 点处有相同的法向量，即 $C(\lambda)$ 在 $\boldsymbol{P}_3$ 点处的切线为 l_3。

综上，三次代数曲线簇 $C(\lambda)$ 经过给定的型值点 $\boldsymbol{P}_1,\boldsymbol{P}_2,\boldsymbol{P}_3$，且在型值点处的切线分别是 l_1,l_2,l_3。

2.1.3 曲线的连续性分析

如图 2.2 所示，设 l_2 与直线 l_1 和 l_3 的交点分别记为 $\boldsymbol{P}_2'$ 和 $\boldsymbol{P}_3'$，在 $\Delta\boldsymbol{P}_1\boldsymbol{P}_2\boldsymbol{P}_3$ 中

取一点 $\boldsymbol{P}$ ，在 $\boldsymbol{P}_1\boldsymbol{P}_2'$ 上选取一点，记为 $\boldsymbol{P}_\partial$ 。

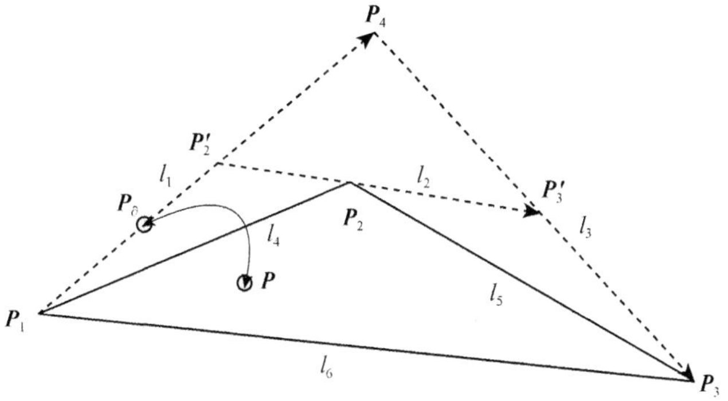

图 2.2　连续性分析

曲线的连续性分析用反证法。不妨设 $\lambda > 0$，假设曲线 $C(\lambda)$ 在 $\boldsymbol{P}_1\boldsymbol{P}_2$ 之间不连续，则一定可以构造一条与 $C(\lambda)$ 不交的连续曲线段以 $\boldsymbol{P}_\partial$ 和 $\boldsymbol{P}$ 为两端点。由于曲线段 $\boldsymbol{P}_\partial\boldsymbol{P}$ 与 $C(\lambda)$ 没有交点，由连续函数的性质，沿此曲线 $C(\lambda): f(x,y)$ 不变号。又可知：

$$l_1(\boldsymbol{P}_\partial)=0,\ \ l_2(\boldsymbol{P}_\partial)>0,\ \ l_3(\boldsymbol{P}_\partial)>0,\ \ l_4(\boldsymbol{P}_\partial)<0,\ \ l_5(\boldsymbol{P}_\partial)>0,\ \ l_6(\boldsymbol{P}_\partial)>0$$

代入式（2.2）可知，$f(\boldsymbol{P}_\partial)<0$ 。而对于点 $\boldsymbol{P}$ ，$l_i(\boldsymbol{P})>0(i=1,2,\cdots,6)$ ，故 $f(\boldsymbol{P})>0$ 。即

$$f(\boldsymbol{P}_\partial)\cdot f(\boldsymbol{P})<0$$

这与函数值不变号矛盾，故 $C(\lambda)$ 在 $\boldsymbol{P}_1\boldsymbol{P}_2$ 之间必有连续三次代数曲线段。同理，在 $\boldsymbol{P}_2\boldsymbol{P}_3$ 之间必有连续三次代数曲线段。

2.1.4　实例计算

例2.1　已知插值平面上三型值点：

$$\boldsymbol{P}_1(-1,0),\ \ \boldsymbol{P}_2(0,2),\ \ \boldsymbol{P}_3(1,-1)$$

以及各点处的切线：

$$l_1: 3x-y+3=0$$

$$l_2: -x-y+2=0$$

$$l_3: -4x-y+3=0$$

则插值三次代数曲线的结果如图 2.3 所示。

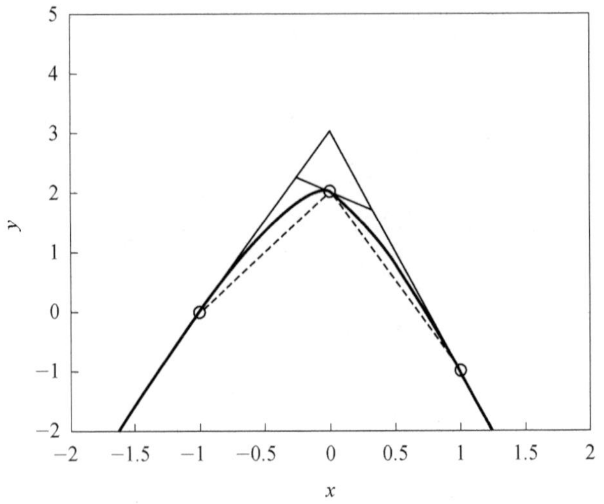

图 2.3　取 $\lambda=0.2$ 时三次代数曲线顶点-切向插值

2.2　插值平面上的四个型值点及各型值点处切向的四次代数曲线

2.2.1　问题要求

设 $\boldsymbol{P}_1,\boldsymbol{P}_2,\boldsymbol{P}_3,\boldsymbol{P}_4$ 是平面上给定的四个待插值的型值点，l_1,l_2,l_3,l_4 是各型值点上的切线。要求构造一条四次代数曲线经过给定的型值点 $\boldsymbol{P}_1,\boldsymbol{P}_2,\boldsymbol{P}_3,\boldsymbol{P}_4$，且在型值点处切线分别为 l_1,l_2,l_3,l_4。如图 2.4 所示，l_5 为经过 $\boldsymbol{P}_1,\boldsymbol{P}_2$ 的直线，l_6 是经过 $\boldsymbol{P}_2,\boldsymbol{P}_3$ 的直线，l_7 是经过 $\boldsymbol{P}_3,\boldsymbol{P}_4$ 的直线，l_8 是经过 $\boldsymbol{P}_1,\boldsymbol{P}_4$ 的直线。

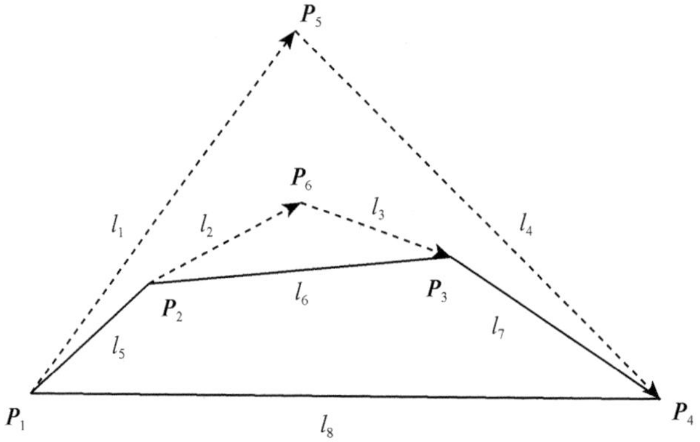

图 2.4　给定四个型值点和四切线

2.2.2　四次代数曲线的构造方法

直线$l_1 \sim l_8$由方程（2.7）表示：

$$l_i(x,y)=a_i x+b_i y+c_i=0 \quad (i=1,2,\cdots,8) \tag{2.7}$$

同样，各直线方程中的系数是标准化的，并且如果$\boldsymbol{P}_1,\boldsymbol{P}_2,\boldsymbol{P}_3,\boldsymbol{P}_4$构成凸的控制顶点，则对凸闭四边形$\boldsymbol{P}_1,\boldsymbol{P}_2,\boldsymbol{P}_3,\boldsymbol{P}_4$内的任意一点$\boldsymbol{P}(x,y)$，都有

$$l_i(\boldsymbol{P})=l_i(x,y)>0 \quad (i=1,2,\cdots,8)$$

则构造四次代数曲线簇：

$$C(\lambda): f(x,y)=(1-\lambda)l_1l_2l_3l_4+\lambda l_5l_6l_7l_8 \tag{2.8}$$

现在需要证明构造的四次代数曲线簇$C(\lambda)$经过给定的型值点$\boldsymbol{P}_1,\boldsymbol{P}_2,\boldsymbol{P}_3,\boldsymbol{P}_4$，且在型值点处的切线分别为$l_1,l_2,l_3,l_4$。

1）证明曲线簇$C(\lambda)$经过给定的型值点$\boldsymbol{P}_1,\boldsymbol{P}_2,\boldsymbol{P}_3,\boldsymbol{P}_4$

已知直线l_1,l_5,l_8经过点$\boldsymbol{P}_1$，则

$$l_1(\boldsymbol{P}_1)=l_5(\boldsymbol{P}_1)=l_8(\boldsymbol{P}_1)=0$$

代入式（2.8），可得

$$C(\boldsymbol{P}_1): f(\boldsymbol{P}_1)=f(x_{P_1},y_{P_1})=0$$

即构造的四次曲线簇经过型值点$\boldsymbol{P}_1$。同理，直线l_2,l_5,l_6经过点$\boldsymbol{P}_2$，则

$$l_2(\boldsymbol{P}_2)=l_5(\boldsymbol{P}_2)=l_6(\boldsymbol{P}_2)=0$$

代入式（2.8），可得

$$C(\boldsymbol{P}_2): f(\boldsymbol{P}_2)=f(x_{P_2},y_{P_2})=0$$

即构造的四次代数曲线簇经过给定的型值点$\boldsymbol{P}_2$。直线l_3,l_6,l_7经过点$\boldsymbol{P}_3$，则

$$l_3(\boldsymbol{P}_3)=l_6(\boldsymbol{P}_3)=l_7(\boldsymbol{P}_3)=0$$

代入式（2.8），可得

$$C(\boldsymbol{P}_3): f(\boldsymbol{P}_3)=f(x_{P_3},y_{P_3})=0$$

即构造的四次曲线簇经过给定的型值点$\boldsymbol{P}_3$。直线l_4,l_7,l_8经过点$\boldsymbol{P}_4$，则

$$l_4(\boldsymbol{P}_4)=l_7(\boldsymbol{P}_4)=l_8(\boldsymbol{P}_4)=0$$

代入式（2.8），可得

$$C(\boldsymbol{P}_4): f(\boldsymbol{P}_4)=f(x_{P_4},y_{P_4})=0$$

即构造的四次代数曲线簇经过给定的型值点$\boldsymbol{P}_4$。

2）证明曲线簇 $C(\lambda)$ 在型值点处的切线分别为 l_1,l_2,l_3,l_4

计算曲线的法向量，由式（2.8）可得

$$\begin{cases} f_x(x,y)=(1-\lambda)\left(l_{1x}l_2l_3l_4+l_1l_{2x}l_3l_4+l_1l_2l_{3x}l_4+l_1l_2l_3l_{4x}\right) \\ \qquad +\lambda\left(l_{5x}l_6l_7l_8+l_5l_{6x}l_7l_8+l_5l_6l_{7x}l_8+l_5l_6l_7l_{8x}\right) \\ f_y(x,y)=(1-\lambda)\left(l_{1y}l_2l_3l_4+l_1l_{2y}l_3l_4+l_1l_2l_{3y}l_4+l_1l_2l_3l_{4y}\right) \\ \qquad +\lambda\left(l_{5y}l_6l_7l_8+l_5l_{6y}l_7l_8+l_5l_6l_{7y}l_8+l_5l_6l_7l_{8y}\right) \end{cases} \tag{2.9}$$

由于点 $\boldsymbol{P}_1$ 是直线 l_1,l_5,l_8 的交点，因此

$$l_1(\boldsymbol{P}_1)=l_5(\boldsymbol{P}_1)=l_8(\boldsymbol{P}_1)=0$$

代入式（2.9），可得

$$\begin{cases} f_x(\boldsymbol{P}_1)=(1-\lambda)l_2l_3l_4l_{1x} \\ f_y(\boldsymbol{P}_1)=(1-\lambda)l_2l_3l_4l_{1y} \end{cases}$$

所以，四次曲线簇 $C(\lambda)$ 与直线 l_1 在点 $\boldsymbol{P}_1$ 处有相同的法向量，即曲线簇 $C(\lambda)$ 在点 $\boldsymbol{P}_1$ 处的切线为 l_1。

点 $\boldsymbol{P}_2$ 是直线 l_2,l_5,l_6 的交点，因此

$$l_2(\boldsymbol{P}_2)=l_5(\boldsymbol{P}_2)=l_6(\boldsymbol{P}_2)=0$$

代入式（2.9），可得

$$\begin{cases} f_x(\boldsymbol{P}_2)=(1-\lambda)l_1l_3l_4l_{2x} \\ f_y(\boldsymbol{P}_2)=(1-\lambda)l_1l_3l_4l_{2y} \end{cases}$$

所以四次曲线簇 $C(\lambda)$ 与直线 l_2 在点 $\boldsymbol{P}_2$ 处有相同的法向量，即曲线簇 $C(\lambda)$ 在 $\boldsymbol{P}_2$ 处的切线为 l_2。

点 $\boldsymbol{P}_3$ 是直线 l_3,l_6,l_7 的交点，因此

$$l_3(\boldsymbol{P}_3)=l_6(\boldsymbol{P}_3)=l_7(\boldsymbol{P}_3)=0$$

代入式（2.9），可得

$$\begin{cases} f_x(\boldsymbol{P}_3)=(1-\lambda)l_1l_2l_4l_{3x} \\ f_y(\boldsymbol{P}_3)=(1-\lambda)l_1l_2l_4l_{3y} \end{cases}$$

所以四次代数曲线簇 $C(\lambda)$ 与直线 l_3 在点 $\boldsymbol{P}_3$ 处有相同的法向量，即曲线簇 $C(\lambda)$ 在点 $\boldsymbol{P}_3$ 处的切线为 l_3。

点 $\boldsymbol{P}_4$ 是直线 l_4,l_7,l_8 的交点，因此

$$l_4(\boldsymbol{P}_4)=l_7(\boldsymbol{P}_4)=l_8(\boldsymbol{P}_4)=0$$

代入式（2.9），可得

$$\begin{cases} f_x(\boldsymbol{P}_4) = (1-\lambda) l_1 l_2 l_3 l_{4x} \\ f_y(\boldsymbol{P}_4) = (1-\lambda) l_1 l_2 l_3 l_{4y} \end{cases}$$

所以四次代数曲线簇 $C(\lambda)$ 与直线 l_4 在点 $\boldsymbol{P}_4$ 处有相同的法向量，即曲线簇 $C(\lambda)$ 在点 $\boldsymbol{P}_4$ 处的切线为 l_4。

综上，构造的四次代数曲线簇 $C(\lambda)$ 经过给定的型值点 $\boldsymbol{P}_1, \boldsymbol{P}_2, \boldsymbol{P}_3, \boldsymbol{P}_4$，且型值点处切线分别为 l_1, l_2, l_3, l_4。

2.2.3 曲线连续性的分析

如图 2.5 所示，设直线 l_1 和 l_2 的交点为 $\boldsymbol{P}_1'$，直线 l_3 和 l_4 的交点为 $\boldsymbol{P}_2'$，直线 l_2 和 l_3 的交点为 $\boldsymbol{P}_6$。取凸四边形 $\boldsymbol{P}_1\boldsymbol{P}_2\boldsymbol{P}_3\boldsymbol{P}_4$ 内一点 $\boldsymbol{P}$。同样采用反证法，不妨设 $0<\lambda<1$。假设曲线 $C(\lambda)$ 在 $\boldsymbol{P}_2\boldsymbol{P}_3$ 之间不连续，则一定可以构造一条与 $C(\lambda)$ 不交的连续曲线段以 $\boldsymbol{P}_6$ 和 $\boldsymbol{P}$ 为两端点。由于曲线段 $\boldsymbol{P}_6\boldsymbol{P}$ 与 $C(\lambda)$ 没有交点，由连续函数的性质，沿此曲线 $C(\lambda): f(x,y)$ 不变号。又由于：

$$l_1(\boldsymbol{P}_6)>0,\quad l_2(\boldsymbol{P}_6)=l_3(\boldsymbol{P}_6)=0,\quad l_4(\boldsymbol{P}_6)>0,\quad l_5(\boldsymbol{P}_6)>0$$

$$l_6(\boldsymbol{P}_6)<0,\quad l_7(\boldsymbol{P}_6)>0,\quad l_8(\boldsymbol{P}_6)>0$$

代入式（2.8），可得

$$f(\boldsymbol{P}_6)<0$$

而对于点 $\boldsymbol{P}$，$l_i(\boldsymbol{P})>0(i=1,2,\cdots,8)$，故 $f(\boldsymbol{P})>0$，即 $f(\boldsymbol{P}_6)\cdot f(\boldsymbol{P})<0$，这与函数值不变号矛盾。故曲线 $C(\lambda)$ 在 $\boldsymbol{P}_2\boldsymbol{P}_3$ 之间有连续曲线段。同理，在 $\boldsymbol{P}_1\boldsymbol{P}_2$ 和 $\boldsymbol{P}_3\boldsymbol{P}_4$ 之间也有连续曲线段。

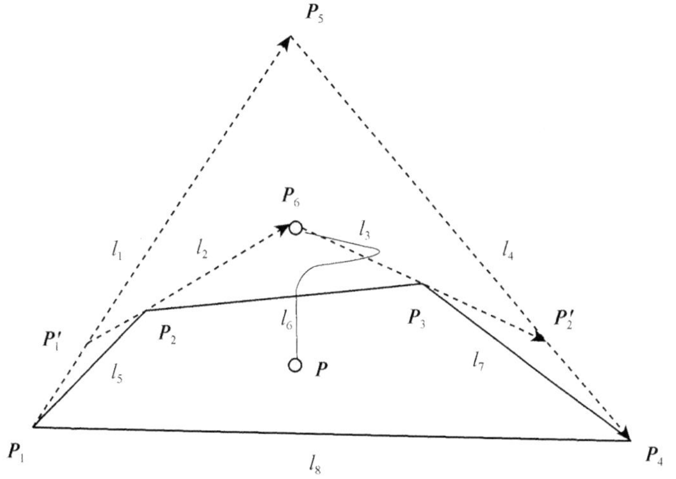

图 2.5 连续性分析

2.2.4 实例分析

例2.2 给定平面上四个待插值的型值点：

$$\boldsymbol{P}_1(-2,1),\quad \boldsymbol{P}_2(-1,3),\quad \boldsymbol{P}_3(1,2),\quad \boldsymbol{P}_4(2,0)$$

各型值点处的切线分别为

$$l_1: 3x-y+7=0$$

$$l_2: x-y+4=0$$

$$l_3: -x-y+3=0$$

$$l_4: -3x-y+6=0$$

四次代数曲线的顶点-切向插值结果如图 2.6 所示。

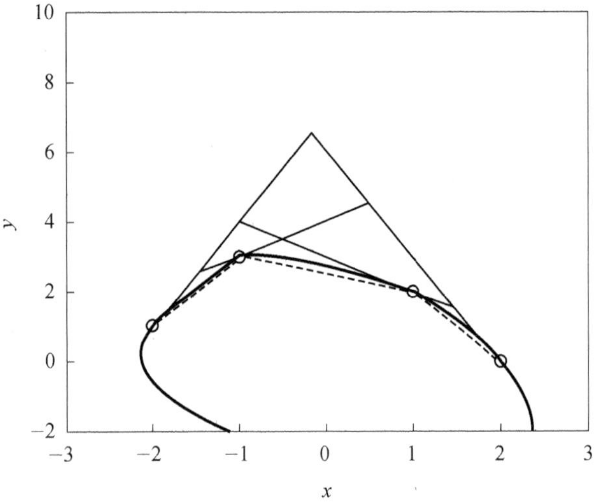

图 2.6 当 $\lambda=0.5$ 时四次代数曲线的顶点-切向插值

实验结果分析：构造的代数曲线簇中的 λ 系数是关于曲线形状的参数，改变 λ 的值可以改变对应的曲线的局部形状。当 $\lambda\in(0,1)$ 时，对应的代数曲线都有光滑连续的曲线段能插值给定型值点及切向，且形状较规则。

2.3 代数曲线段的拼接

在实际应用中，给定的待插值点和切向不会是仅有的三个或者四个，因此在实际计算机辅助几何设计（CAGD）中，要考虑的是用光滑的三次或四次曲线段拼接得到一条插值多个型值点和切向的曲线。在设计应用中，我们采集待插值数据点及切向后，以连续三个型值点为一组进行考虑，在各组型值点都满足构成凸性图形时，可以得到满足约束的三次插值代数曲线段，拼接每一段三次代数曲线段即得到插值所有型值点的三次代数曲线。

例2.3 已知给定型值点中连续型值点：

$$\boldsymbol{P}_1(-1,0),\quad \boldsymbol{P}_2(0,2),\quad \boldsymbol{P}_3(1,-1),\quad \boldsymbol{P}_4(2,-3),\quad \boldsymbol{P}_5(4,1)$$

各点处的切线分别是：

$$l_1: 3x-y+3=0$$

$$l_2: -x-y+2=0$$

$$l_3: -4x-y+3=0$$

$$l_4: -x-y-1=0$$

$$l_5: -4x+y+15=0$$

将型值点分为两组：$\boldsymbol{P}_1,\boldsymbol{P}_2,\boldsymbol{P}_3$为一组，$\boldsymbol{P}_3,\boldsymbol{P}_4,\boldsymbol{P}_5$为一组，分别取$\lambda_1=0.2$和$\lambda_1=-0.2$，得到插值型值点及切向的拼接的三次代数曲线如图2.7所示。

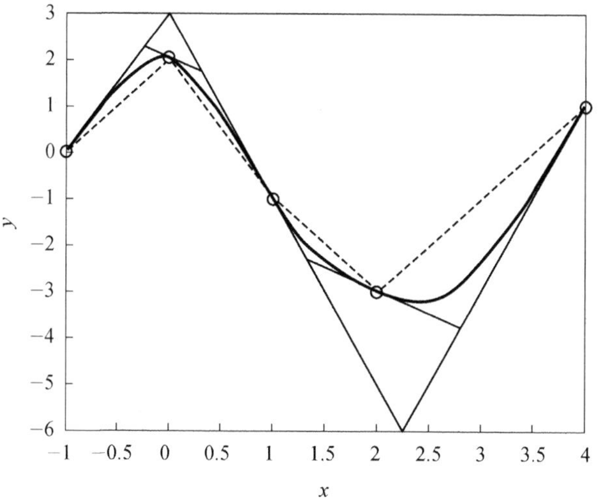

图2.7 拼接的三次代数曲线

同理，以连续四个型值点为一组进行考虑，在各组型值点都满足凸性要求时，一定可以构造出相应的四次插值代数曲线。拼接四次曲线段即得到插值型值点的四次代数曲线。

例2.4 给定型值点：

$$\boldsymbol{P}_1(-2,1),\ \boldsymbol{P}_2(-1,3),\ \boldsymbol{P}_3(1,2),\ \boldsymbol{P}_4(2,0),\ \boldsymbol{P}_5(3,-2),\ \boldsymbol{P}_6(5,-1),\ \boldsymbol{P}_7(7,2)$$

各型值点处的切线分别为

$$\begin{aligned}
&l_1: 3x-y+7=0,\ \ l_2: x-y+4=0,\\
&l_3: -x-y+3=0,\ \ l_4: -3x-y+6=0\\
&l_5: x+y-1=0,\ \ l_6: -x+y+6=0\\
&l_7: -3x+y+19=0
\end{aligned}$$

将型值点分为两组连续型值点：$\boldsymbol{P}_1,\boldsymbol{P}_2,\boldsymbol{P}_3,\boldsymbol{P}_4$ 和 $\boldsymbol{P}_4,\boldsymbol{P}_5,\boldsymbol{P}_6,\boldsymbol{P}_7$，取 $\lambda_1=\lambda_2=0.5$，得到拼接的插值四次代数曲线如图 2.8 所示。

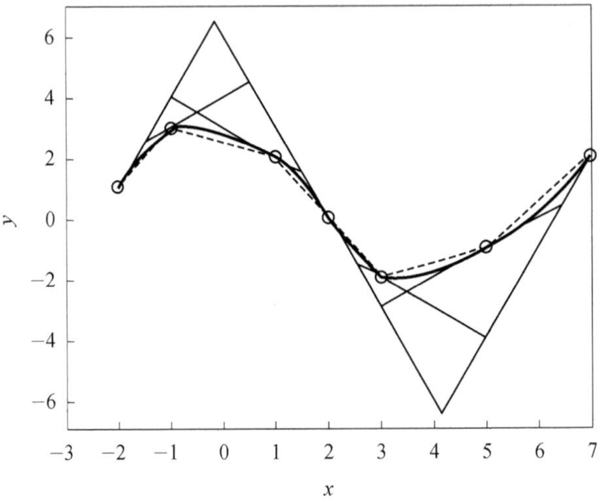

图 2.8 拼接的插值四次代数曲线

以上几个例子都是简单的数据点之间的插值拼接，为验证算法对实践生产设计的适用性，我们设计数据点及法向量，通过实验实现字母形状设计的代数曲线插值以及手型曲线的插值。

例2.5 字母“y”的代数曲线插值，考虑型值点为

$$\boldsymbol{P}_1(-1,0),\ \boldsymbol{P}_2(0,2),\ \boldsymbol{P}_3(1,-1),\ \boldsymbol{P}_4(2,-3),\ \boldsymbol{P}_5(4,1),\ \boldsymbol{P}_6(4.5,2)$$
$$\boldsymbol{P}_7(5,-1),\ \boldsymbol{P}_8(4,-7),\ \boldsymbol{P}_9(0,-12),\ \boldsymbol{P}_{10}(-2,-10)$$

各型值点处切线分别为

$$3x-y+3=0,\ \ -x-y+2=0,\ \ -4x-y+3=0,\ \ x+y+1=0$$

$$-4x+y+15=0,\quad -0.5x-y+4.25=0,\quad 6x-y-31=0$$
$$-6x+y+31=0,\quad 0.5x+y+12=0,\quad 2x+y+14=0$$

得到的插值三次代数曲线如图 2.9 所示。

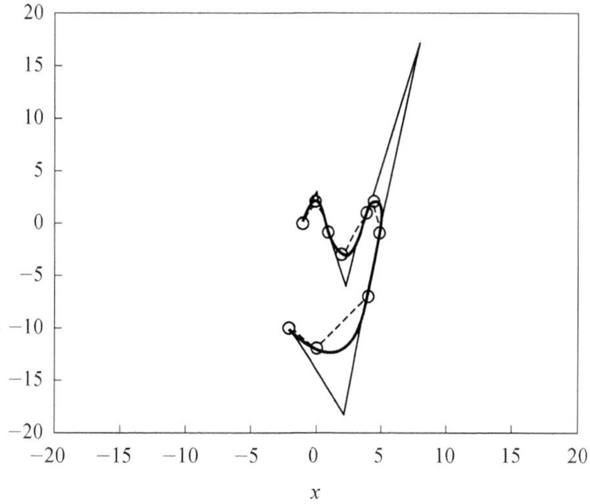

图 2.9 字母“y”的插值三次代数曲线

例2.6 手型曲线的型值点和切向信息数据量比较大，这里不予给出，其插值三次代数曲线如图 2.10 所示。

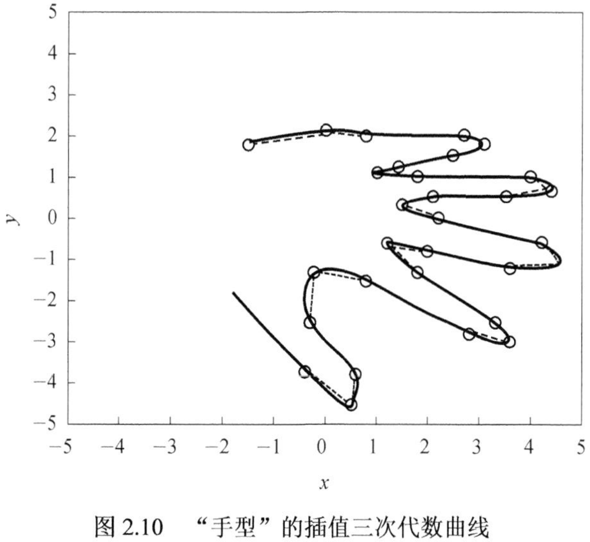

图 2.10 “手型”的插值三次代数曲线

2.4 本章小结

代数曲线特别是三次代数曲线和四次代数曲线在几何造型中的应用很有潜力。本章提出的构造三次、四次代数曲线的带法向量约束的插值算法，使得插值型值点及切向成为可能，还包含可改变曲线形状的参数λ，使得代数曲线在应用上更具有灵活性：曲线形状的调节可由顶点、法向以及形状参数λ来控制，这使得代数曲线具有与参数曲线一样的操作简单的特性。

参考文献

[1] 张三元，孙守迁，潘云鹤. 基于几何约束的三次代数曲线插值. 计算机学报, 2001, 24(5): 509-515.

[2] 姜占伟，韩旭里. 隐式二次代数曲线插值. 计算技术与自动化, 2006, 25(4): 112-115.

[3] Hu Q L, Shou H H. Construction of point-tangent interpolating algebraic curve. International Journal of Modelling and Simulation, 2016, 36(1-2): 28-33.

第3章 带法向约束的B样条曲线逼近PSO算法

随着逆向工程的发展，数据拟合的相关方法越来越多地应用于几何造型以及图像分析等诸多领域。通过激光扫描、结构光源转换仪或者 X 射线断层成像等获取测量数据，并将其进行数据拟合，从而对原模型或产品进行一个大致的模型重建及功能恢复。但有些情况下，获取的数据点可能不只是简单的坐标信息，对于全部或者个别的数据点可能还包含一些约束形状的条件，比如在光学工程领域获取的数据点通常带有法向约束。

曲线方程的选取对曲线的逼近程度有着非常重要的作用，由于 B 样条曲线的各种优良的属性，许多学者都使用 B 样条曲线作为逼近函数去处理得到的离散数据点。B 样条方法在表示和设计自由曲线曲面上具有极大的优越性，它不仅是最流行的主流方法之一，而且已成为关于工业产品的几何定义国际标准的有理 B 样条方法的基础。这些也是本章将其作为带法向数据点逼近函数的重要原因之一。

在诸多学者研究的基础上，本章将人工智能的粒子群优化（particle swarm optimization，PSO）算法用于解决带有法向约束的曲线逼近的问题。众所周知，一条好的拟合曲线关键在于节点向量的确定，一个好的节点向量对于实现完美的曲线逼近起到至关重要的作用。本章将数据点带有法向约束的曲线逼近问题转化为基于 PSO 算法的无约束最优化问题，将节点向量自由化，自适应寻找最优节点向量，最终产生满足法向约束条件的最优逼近曲线[1]。

3.1 问题描述及模型建立

考虑给定 M+1 个二维或三维数据点 $\boldsymbol{d}_i\left(i=0,1,\cdots,M\right)$，且对于每个数据点

带有一个法向约束条件 $\boldsymbol{l}_i(i=0,1,\cdots,M)$；现需找到一条曲线 $\boldsymbol{S}(t)$ 去逼近给定的数据点 $\boldsymbol{d}_i(i=0,1,\cdots,M)$ 且满足法向约束条件。由于 B 样条曲线所具有的几何不变性、凸包性、局部支撑性、变差减缩性等诸多的优良性质，选取 B 样条曲线作为逼近曲线，此时问题变为寻求一条形状合适且误差精度相对令人满意的样条参数曲线 $\boldsymbol{S}(t)$。假定与数据点 $\boldsymbol{d}_i(i=0,1,\cdots,M)$ 对应的参数值是 t_i，则带法向约束的 B 样条曲线逼近问题可以用 2 个方程组成的方程组表示。

$$\begin{cases}\boldsymbol{d}_i=\boldsymbol{S}(t_i)+\varepsilon_i, \\ \boldsymbol{S}'(t_i)\cdot\boldsymbol{l}_i=0,\end{cases}\quad i=0,1,\cdots,M \tag{3.1}$$

其中，ε_i 为数据点 $\boldsymbol{d}_i$ 的拟合误差，$\boldsymbol{S}'(t_i)$ 为逼近曲线在参数值 t_i 处的一阶导矢。一条 p 次 B 样条曲线可以表示为

$$\boldsymbol{S}(u)=\sum_{j=0}^{n}N_{j,p}(u)\boldsymbol{P}_j \tag{3.2}$$

它的一阶导矢为

$$\boldsymbol{S}'(u)=p\sum_{j=0}^{n}\left(\frac{N_{j,p-1}(u)}{u_{j+p}-u_j}-\frac{N_{j+1,p-1}(u)}{u_{j+p+1}-u_{j+1}}\right)\boldsymbol{P}_j \tag{3.3}$$

其中，二维或三维点集 $\{\boldsymbol{P}_i\}(i=0,1,\cdots,n)$ 是样条逼近曲线的 n+1 个控制顶点；$N_{j,p}(u)$ 表示 p 次 B 样条基函数，其定义由 de Boor 和 Cox 递推给出：

$$N_{j,0}(u)=\begin{cases}1, & u_j\leqslant u<u_{j+1} \\ 0, & \text{其他}\end{cases} \tag{3.4}$$

$$N_{j,p}(u)=\frac{u-u_j}{u_{j+p}-u_j}N_{j,p-1}(u)+\frac{u_{j+p+1}-u}{u_{j+p+1}-u_{j+1}}N_{j+1,p-1}(u),\quad p\geqslant 1 \tag{3.5}$$

其中，p 表示 B 样条次数，u_j 为节点向量 $\boldsymbol{U}=\{u_j\}(j=0,1,\cdots,n+p+1)$ 中的元素。规定 $\frac{0}{0}=0$。

由式（3.2）～式（3.5），假设控制顶点集 $\{\boldsymbol{P}_i\}(i=0,1,\cdots,n)$ 为未知变量，与此同时节点向量也作为未知变量，则式（3.1）中的带法向约束的 B 样条曲线逼近问题可以转化为带有等式约束的最小化问题，即

$$\begin{cases} Q(\boldsymbol{P}_0,\cdots,\boldsymbol{P}_n,u_0,\cdots,u_{n+p+1})=\min\left(\sum_{i=0}^{M}\left\|\boldsymbol{d}_i-\boldsymbol{S}(t_i)\right\|^2\right)=\min\left(\sum_{i=0}^{M}\left\|\boldsymbol{d}_i-\sum_{j=0}^{n}N_{j,p}(t_i)\boldsymbol{P}_j\right\|^2\right) \\ \boldsymbol{S}'(t_i)\cdot\boldsymbol{l}_i=\left(p\sum_{j=0}^{n}\left(\frac{N_{j,p-1}(t_i)}{u_{j+p}-u_j}-\frac{N_{j+1,p-1}(t_i)}{u_{j+p+1}-u_{j+1}}\right)\boldsymbol{P}_j\right)\cdot\boldsymbol{l}_i=0,\quad i=0,1,\cdots,M \end{cases} \tag{3.6}$$

其中，$\|\cdot\|^2$ 为平方范数。

由于控制顶点和节点向量均为未知变量，式（3.6）变为一个高度非线性带约束且多维多变量的问题，传统反求方程系统的方法已经不再适用，下面就如何处理这类问题给出我们的解决方案。

3.2 PSO优化算法原理

3.2.1 基本PSO算法

1990年Heppner等提出了一种协调鸟群的随机非线性模型[2]。受此启发，Kennedy等设想通过探索群体交往所产生的共知来产生智能化的计算，并于1995年提出了粒子群优化（PSO）算法的最初模型[3]。粒子群优化算法自1995年提出以来，理论日渐成熟，应用日益广泛。

对于一个待优化的问题或者函数，给定它的可行解空间，并设想一定数量的具有速度和位置变量的粒子组成的粒子群在可行解空间中运动。这些粒子通过判断自身历史最佳位置和整个粒子群的历史最佳位置不断地调整自身运动速度，从而实现对整个可行解空间的智能搜索，类似于整个鸟群觅食的行为，最终所有的粒子会有可能移动到最优解的位置。

假设搜索空间是 D 维的，那么粒子群中的每一个个体可以看作是独立的 D 维向量。每个粒子在搜索最优解的过程中记录三个变量：个体当前位置 $\boldsymbol{x}_i$、个体历史最佳位置 $\boldsymbol{p}_i$ 和个体当前速度 $\boldsymbol{v}_i$。整个粒子群在整个过程中记录一个变量：所有粒子全局历史最佳值 $\boldsymbol{p}_g$。个体粒子当前位置 $\boldsymbol{x}_i$ 可以看作是描述一个粒子在搜索空间中某一点处的坐标。在算法的每一次迭代中，个体粒子当

前位置 $\boldsymbol{x}_i$ 都可以看作是待求解问题或函数的一个可行解，位置的优劣由可行解对应的函数值 f_i 来决定，这个函数值又称为粒子的适应度值。如果当前位置 $\boldsymbol{x}_i$ 优于其个体历史最佳值 $\boldsymbol{p}_i$，那么 $\boldsymbol{p}_i$ 将被 $\boldsymbol{x}_i$ 所替代；如果个体历史最佳值 $\boldsymbol{p}_i$ 优于整个粒子群的历史最佳值 $\boldsymbol{p}_g$，那么 $\boldsymbol{p}_g$ 将被 $\boldsymbol{p}_i$ 所替代。个体当前速度 $\boldsymbol{v}_i$ 用来更新个体粒子当前位置 $\boldsymbol{x}_i$，它可以看作是个体粒子移动的有效步长。

粒子群优化算法中的粒子群并不意味着一群粒子的简单组合，它其实是一群粒子以及粒子之间的相互作用关系网所组成的一个拓扑结构。在粒子群优化的整个过程中，每个粒子的速度 $\boldsymbol{v}_i$ 被不断更新，使得粒子当前位置 $\boldsymbol{x}_i$ 在个体粒子最佳值 $\boldsymbol{p}_i$ 和所有粒子历史最佳值 $\boldsymbol{p}_g$ 之间随机震荡。下面是基本粒子群的计算流程：

（1）初始化所有粒子在 D 维搜索空间中的速度 $\boldsymbol{v}_i$ 和位置 $\boldsymbol{x}_i$；

（2）将每个粒子的位置 $\boldsymbol{x}_i$ 代入评价函数得到每个粒子的适应度值 f_i，并根据适应度值初始化个体历史最佳值 $\boldsymbol{p}_i$ 以及全局历史最佳值 $\boldsymbol{p}_g$；

进入主循环：

（3）根据下边两个式子更新每个粒子的速度和位置：

$$\begin{cases} \boldsymbol{v}_i \leftarrow \boldsymbol{v}_i + \boldsymbol{U}(0,\phi_1)\otimes(\boldsymbol{p}_i - \boldsymbol{x}_i) + \boldsymbol{U}(0,\phi_2)\otimes(\boldsymbol{p}_g - \boldsymbol{x}_i) \\ \boldsymbol{x}_i \leftarrow \boldsymbol{x}_i + \boldsymbol{v}_i \end{cases}$$

（4）计算粒子适应度值 f_i，并更新个体历史最佳值 $\boldsymbol{p}_i$ 和全局历史最佳值 $\boldsymbol{p}_g$；

（5）如果满足条件（通常是满足适应度值的要求或者达到最大迭代次数），结束循环。

结束循环

注： $\boldsymbol{U}(0,\phi_i)$ 表示 $[0,\phi_i]$ 区间均匀分布的一组随机数组成的向量，作用于每一次迭代中的每一个粒子；$\otimes$ 表示对应分量相乘的算子。

3.2.2 带权重的PSO算法

PSO 算法作为从鸟群捕食策略中抽象出的数学优化模型，其每一个优化问题中的解都被看作是搜索空间中的一只鸟，将它称为“粒子”，每一个粒子都是一个 D+1 维向量。所有的粒子都有一个被优化函数所决定的适应值，每个粒子还有一个速度来决定它们飞行的方向和距离，然后每个粒子通过迭代更新自己的位置和速度追随当前最优的那个粒子在解空间中搜索最优解。在每一次迭代中，粒子跟踪两个“极值”：

（1）粒子本身所找到的最优解，也叫作个体极值(p_{Best})；

（2）整个种群目前找到的最优解，也叫作全局极值(g_{Best})。

假定粒子群的规模为N+1，其中每一个粒子的维数为D+1，则第t次迭代的第i个粒子的位置和速度就可以分别表示为

$$\boldsymbol{\zeta}_i^t=\left(\zeta_{i,0}^t,\ \zeta_{i,1}^t,\cdots,\zeta_{i,D}^t\right),\quad \boldsymbol{V}_i^t=\left(v_{i,0}^t,\ v_{i,1}^t,\cdots,v_{i,D}^t\right)$$

每个粒子所搜寻到的最好位置p_{Best}记作

$$\boldsymbol{P}_i^t=\left(p_{i,0}^t,\ p_{i,1}^t,\cdots,\ p_{i,D}^t\right)$$

整个粒子群搜寻到的最好位置g_{Best}记作

$$\boldsymbol{P}_g^{\ t}=\left(p_{g,0}^t,\ p_{g,1}^t,\cdots,\ p_{g,D}^t\right)$$

粒子的具体进化过程为

$$v_{i,j}^{t+1}=wv_{i,j}^t+c_1r_{1j}^t\left(p_{i,j}^t-\zeta_{i,j}^t\right)+c_2r_{2j}^t\left(p_{g,j}^t-\zeta_{i,j}^t\right) \tag{3.7}$$

$$\zeta_{i,j}^{t+1}=\zeta_{i,j}^t+v_{i,j}^t \tag{3.8}$$

其中，w表示权因子；i表示第i个粒子$(i=0,1,\cdots,N)$，j表示粒子的维数$(j=0,1,\cdots,D)$；t表示迭代次数；c_1和c_2表示学习因子，前者调节粒子本身与个体极值的距离，后者调节与全局极值的距离；r_{1j}和r_{2j}表示[0,1]的随机数。

大多数演化计算技术基本都是用以下过程。

（1）种群随机初始化。

（2）对种群内的每一个个体计算适应值，适应值与最优解的距离有关。

（3）种群根据适应值进行复制。

（4）若满足终止条件，则结束；否则，转步骤（2）。

各演化算法的不同之处主要是各自采用的算子不同。相对于其他演化算法，PSO不需要对变量进行编码，操作起来比较简单，实现起来也比较方便，参数设置上也较其他算法少得多，不需要太多的人为调节。这是本章应用PSO算法求解最优节点向量的理由。

基于加快收敛速度的考虑，本章采用基于自然选择的PSO算法。其基本思想为：每迭代一次，便将整个粒子群按适应值大小排序，用最好的一半将最差的一半替换掉，但是保留原来粒子记忆的历史最佳值。

3.3 带法向约束的B样条曲线逼近实现

由于使用传统的计算方法很难实现对式（3.6）所示带约束的曲线逼近问题求解，因此，本章提出了一种解决此类问题的方案：首先使用一种在优化模型上加惩罚函数的方法将带约束的优化模型（式（3.6））转化为无约束的问题，继而建立一个合理有效的适应度函数；然后利用PSO求解节点向量，利用PSO所产生的节点向量为先决条件，使用最小二乘法产生最优控制顶点；如此循环迭代，最终产生最优的节点向量以及控制顶点。

由于要将数据点的端点插值，所以两端节点重复度设置为p+1，只需改变内节点，即$u_0 = u_1 = \cdots = u_p = 0$，$u_{n+1} = u_{n+2} = \cdots = u_{n+p+1} = 1$，这意味着首尾控制顶点$\boldsymbol{P}_0 = \boldsymbol{d}_0, \boldsymbol{P}_n = \boldsymbol{d}_M$。

为了方便，本章约定：

$$f\left(u_1, u_2, \cdots, u_n, \boldsymbol{P}\right) = \sum_{i=0}^{M} \left\| \boldsymbol{d}_i - \sum_{j=0}^{n} N_{j,p}(t_i) \boldsymbol{P}_j \right\|^2 \tag{3.9}$$

$$f\left(\boldsymbol{P}_1, \boldsymbol{P}_2, \cdots, \boldsymbol{P}_{n-1}, \boldsymbol{U}\right) = \sum_{i=0}^{M} \left\| \boldsymbol{d}_i - \sum_{j=0}^{n} N_{j,p}(t_i) \boldsymbol{P}_j \right\|^2 \tag{3.10}$$

$$g\left(u_1, u_2, \cdots, u_n\right) = \sum_{i=0}^{M} \left(\boldsymbol{l}_i \cdot \boldsymbol{S}'(t_i)\right)^2 \tag{3.11}$$

其中，$\boldsymbol{U} = \{u_j\}(j = 0,1,\cdots,n+p+1)$；$\boldsymbol{P} = \{\boldsymbol{P}_i\}(i = 0,1,\cdots,n)$。式（3.9）表示已知控制顶点，节点向量为变量的函数；式（3.10）表示已知节点向量，控制顶点为变量的函数；式（3.11）表示已知控制顶点，节点向量作为变量的数据点处的法向误差平方和函数。式（3.9）～式（3.11）均为最小值优化问题，若是数据点和法向都严格插值，则3个式子最小值均为零。

3.3.1 最小二乘法求最优控制顶点

假设节点向量已知的情况下，对式（3.10）中的变量$\{\boldsymbol{P}_l\}(l=1,2,\cdots,n-1)$求偏导数：

$$\frac{\partial f}{\partial \boldsymbol{P}_l}=\sum_{i=1}^{M-1}\left(-2N_{l,p}(t_i)\boldsymbol{R}_i+2N_{l,p}(t_i)\sum_{j=1}^{n-1}N_{j,p}(t_i)\boldsymbol{P}_j\right)$$

其中，$\boldsymbol{R}_i=\boldsymbol{d}_i-N_{0,p}(t_i)\boldsymbol{d}_0-N_{n,p}(t_i)\boldsymbol{d}_M$，即

$$\sum_{i=1}^{M-1}\sum_{j=1}^{n-1}N_{l,p}(t_i)N_{j,p}(t_i)\boldsymbol{P}_j=\sum_{i=1}^{M-1}N_{l,p}(t_i)\boldsymbol{R}_i$$

当$l=1,2,\cdots,n-1$时可得线性方程组$\left(\boldsymbol{N}^{\mathrm{T}}\boldsymbol{N}\right)\boldsymbol{P}=\boldsymbol{N}^{\mathrm{T}}\boldsymbol{R}$；$\boldsymbol{N}$是$(M-1)\times(n-1)$的基函数矩阵，即

$$\boldsymbol{N}=\begin{bmatrix}N_{1,p}(t_1) & \cdots & N_{n-1,p}(t_1)\\ \vdots & & \vdots\\ N_{1,p}(t_{M-1}) & \cdots & N_{n-1,p}(t_{M-1})\end{bmatrix}$$

$$\boldsymbol{R}=\begin{bmatrix}\boldsymbol{R}_1\\ \vdots\\ \boldsymbol{R}_{M-1}\end{bmatrix},\quad \boldsymbol{P}=\begin{bmatrix}\boldsymbol{P}_1\\ \vdots\\ \boldsymbol{P}_{n-1}\end{bmatrix}$$

但是，随着PSO的迭代并不能保证$\boldsymbol{N}^{\mathrm{T}}\boldsymbol{N}$可逆，所以$\boldsymbol{P}=\left(\boldsymbol{N}^{\mathrm{T}}\boldsymbol{N}\right)^{-1}\boldsymbol{N}^{\mathrm{T}}\boldsymbol{R}$并不能求解出$\boldsymbol{P}$。比较可行的方案是对矩阵$\boldsymbol{N}$求Moore-Penrose广义逆$\boldsymbol{N}^{+}$，具体求法如下。

（1）若$\boldsymbol{N}$为满秩矩阵，则有：

$$\boldsymbol{N}^{+}=\boldsymbol{N}$$

（2）若$\boldsymbol{N}$为行满秩矩阵，则有：

$$\boldsymbol{N}^{+}=\boldsymbol{N}^{\mathrm{T}}\left(\boldsymbol{N}\boldsymbol{N}^{\mathrm{T}}\right)^{-1}$$

（3）若$\boldsymbol{N}$为列满秩矩阵，则有：

$$\boldsymbol{N}^{+}=\left(\boldsymbol{N}^{\mathrm{T}}\boldsymbol{N}\right)^{-1}\boldsymbol{N}^{\mathrm{T}}$$

（4）若$\boldsymbol{N}$为降秩矩阵，将$\boldsymbol{N}$满秩分解为

$$\boldsymbol{N}=\boldsymbol{C}\boldsymbol{D},\quad \boldsymbol{C}\in\boldsymbol{C}^{(M-1)\times r},\quad \boldsymbol{D}\in\boldsymbol{D}^{r\times(n-1)}$$

$$\boldsymbol{C}_L^{-1}=\left(\boldsymbol{C}^{\mathrm{T}}\boldsymbol{C}\right)^{-1}\boldsymbol{C}^{\mathrm{T}},\quad \boldsymbol{D}_R^{-1}=\boldsymbol{D}^{\mathrm{T}}\left(\boldsymbol{D}\boldsymbol{D}^{\mathrm{T}}\right)^{-1}$$

则有：

$$N^{+} = D_R^{-1} C_L^{-1}$$

3.3.2 节点向量自由化的适应度函数的建立

为了实现式（3.1）中的等式约束$S'(t_i)\cdot l_i = 0$，将允许严格的等式约束出现适当的误差，即$S'(t_i)\cdot l_i \approx 0$。这样，在误差允许的范围内，可保证给定数据点的法向跟逼近曲线的法向有一个大致的贴合。接下来将$S'(t_i)\cdot l_i$作为一个惩罚函数，整理式（3.1）、式（3.6）、式（3.9）和式（3.11），在控制顶点已知的情况下，可得最终需要的待求解变量为$\{u_j\}$ $(j = 1,2,\cdots,n)$的一个数学模型：

$$\begin{aligned} Q(u_1,u_2,\cdots,u_n,C_0) &= f(u_1,u_2,\cdots,u_n,P) + C_0 g(u_1,u_2,\cdots,u_n) \\ &= \sum_{i=0}^{M}\left\| d_i - \sum_{j=0}^{n} N_{j,p}(t_i) P_j \right\|^2 + C_0 \sum_{i=0}^{M}(l_i \cdot S'(t_i))^2 \end{aligned} \tag{3.12}$$

其中，C_0为惩罚系数，设$C_0 = 1$。并选择式（3.12）作为最终的适应度函数，再利用基于自然选择的PSO算法对其寻求最优解。

3.3.3 数据点参数化设置

对于数据点参数化的方法，一般的曲线拟合问题，弦长参数化方法就足够了，但是本章采用向心参数化。因为相对于弦长参数化方法，当数据点有比较尖锐的转弯变化时，向心参数化所得到的结果往往会比弦长参数化方法更好。参数t_i通过点之间的位置关系进行估计，估计公式为

$$\begin{cases} t_0 = 0 \\ t_i = t_{i-1} + \dfrac{\sqrt{\|d_{i+1} - d_i\|}}{\sum_{j=0}^{M}\sqrt{\|d_{j+1} - d_j\|}}, \quad i = 0,1,\cdots,M \end{cases} \tag{3.13}$$

其中，参数t_i看作是数据点d_i在其B样条逼近曲线上对应的参数值。

3.3.4 基于PSO的优化算法描述

总结以上关于PSO算法的概述，给出关于带有法向约束的曲线逼近问题的算法描述如下。

（1）输入待拟合数据$d_i (i = 0,1,\cdots,M)$及其对应法向向量$l_i (i = 0,1,\cdots,M)$。

（2）根据式（3.13）计算数据点参数化，建立有效的适应度函数，如

式（3.12）。

（3）设置PSO算法相关参数，包括粒子的规模P、终止条件的设置（最大迭代次数T或者误差容忍值）。

（4）初始化粒子位置$\boldsymbol{\zeta}(t=0)=\left\{\zeta_i^t\right\}_{i=0}^{P-1}$和速度$\boldsymbol{V}(t=0)=\left\{v_i^t\right\}_{i=0}^{P-1}$，这里每一个粒子代表一个节点向量的内节点。

（5）先根据初始化粒子的位置，利用第3.3.1节所述方法计算控制顶点；然后按照式（3.12）计算初始粒子$\left\{\zeta_i^{t=0}\right\}_{i=0}^{P-1}$中每一个个体的适应度值，初始值作为个体最优值，从个体最优值中计算全局最优值。

（6）按照式（3.7）和式（3.8）更新粒子的位置和速度，产生$\boldsymbol{\zeta}(t+1)$和$\boldsymbol{V}(t+1)$。

（7）先根据$\boldsymbol{\zeta}(t+1)$，利用第3.3.1节所述方法计算控制顶点；然后按照式（3.12）计算粒子$\left\{\zeta_i^{t+1}\right\}_{i=0}^{P-1}$中每一个个体的适应度值，将整个粒子群按适应度值大小排序，用最好的一半将最差的一半替换掉，计算每个个体的历史个体最优值，并计算所有粒子的全局最优值。

（8）判断迭代终止的条件，如果满足条件，则输出最优控制顶点；否则，转步骤（6）继续迭代。

3.4　数值实验与说明

3.4.1　传统B样条拟合问题中节点向量的选取

节点向量的选择对曲线的形状有很大的影响，不合理的节点将导致曲线逼近程度的变坏，所以曲线逼近问题的解决在很大程度上取决于节点向量的选择。迄今为止，解决这一问题的方法虽然很多，但最佳的方案仍尚待研究。这里给出在传统的拟合问题中3个比较常用的节点向量，实验中就本章中自适应的节点向量与这3个节点向量的优劣进行了对比。假设非递减节点向量为$\boldsymbol{U}=\left\{u_k\right\}_{k=0}^{n+p+1}$，$u_0\leqslant u_1\leqslant\cdots\leqslant u_{n+p+1}$。

（1）均匀节点向量，是最简单的节点配置方法，它的选取不受数据点的参数化的影响，内节点的计算方法如下：

$$u_{p+1}=\frac{1}{n-p+1},\ u_{p+2}=\frac{2}{n-p+1},\ \cdots,\ u_n=\frac{n-p}{n-p+1}$$

（2）平均节点向量，是由 de Boor 提出来的，并且它的计算依据与数据点的参数化有关系，内节点计算方式为

$$u_{j+p}=\frac{1}{p}\sum_{i=j}^{j+p-1}t_i \quad (j=1,\cdots,n-p)$$

（3）皮格尔逼近节点向量，是由皮格尔（Piegl）和蒂勒（Tiller）针对曲线逼近的情况提出来的，计算方法为

$$u_{j+p}=(1-(ja-i))t_{i-1}+(ja-i)t_i$$

其中，$i=\lfloor ja \rfloor$，$j=1,\cdots,n-p$（$\lfloor x \rfloor$ 称为“地板”函数，即取小于等于 x 的最大整数（零在内），若 $x>0$，则可以看作取整函数）；$a=\dfrac{M+1}{n-p+1}$，$M+1$ 为数据点的数量。

本章采用了自适应的节点向量，在实验中将给出选取不同的节点向量时的曲线逼近情况的数据对比。

3.4.2 实验与比较

下面给出如图 3.1 所示 3 个测试函数（例 3.1～例 3.3 中的函数），用以验证本章节点自适应算法的合理性。以下每个实验均在同等条件下重复做 10 次，实验数据为 10 次实验结果的平均值。

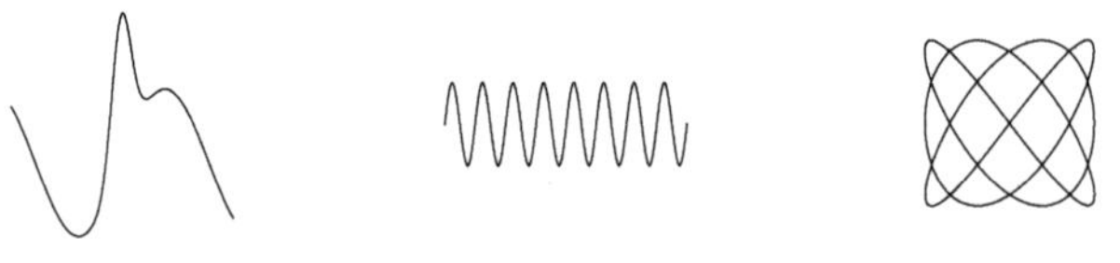

（a）例3.1　（b）例3.2　（c）例3.3

图 3.1　本章实验测试函数示意图

PSO 的参数设置：粒子规模一般取 20～40，为了扩大搜索域，将粒子规模统一设置为 60，最大迭代次数设置为 300。学习因子 c_1 和 c_2 通常等于 2，不过在相关文献中也有其他的取值，但是一般来说 $c_1=c_2$ 并且范围在 [0, 4]，在本实验中设置为 $c_1=c_2=2$。另外，惯性权重 w 很小时偏重于发挥 PSO 的局部搜索能力；惯性权重很大时将会偏重于发挥 PSO 的全局搜索能力，本实验中

将其取得大一些，$w=0.7$。

例3.1　$f_1(t)=\sin(2t)+2\mathrm{e}^{-30t^2}+2$，$t\in[-2,\ 2]$，以0.05为间隔均匀取点，取点数为80。选择理由是它代表了带有陡坡且数据点分布比较不均匀情况。

例3.2　$f_2(t)=\sin(t)$，$t\in[0,\ 16\pi]$，以0.4为间隔均匀取点，取点数为126。选择理由是它代表了多峰值的情况。

例3.3　$f_3(t)=\begin{cases}x=\sin(0.75t)\\ y=\sin(t)\end{cases}$，$t\in[-4\pi,\ 4\pi]$，以0.2为间隔均匀取点，取点数为126。选择理由是它代表了多交叉点的情况。

图3.2～图3.7分别为例3.1～例3.3法向约束下的拟合效果图和拟合过程中的PSO收敛效果图，从中可以看出本章方法的拟合效果以及收敛效果很好，基本实现了对原曲线的重构。拟合效果图说明了在参数化方法确定的情况下，合理的节点选择在最小二乘曲线拟合过程中不仅可以使得拟合误差变小，同时也能满足待拟合数据点处的法向约束条件。收敛图中包含两个指标，第一个是群体中所有个体的平均适应度值的变化情况，第二个是群体中最佳的个体适应度值的变化情况，这显示了PSO在整个节点寻优过程中的适应度函数值与迭代次数之间的关系。可以发现，随着迭代次数的增加，整个群体会朝着最优解的方向行进直到再也找不到比当前群体中最优个体更优秀的行进方向。

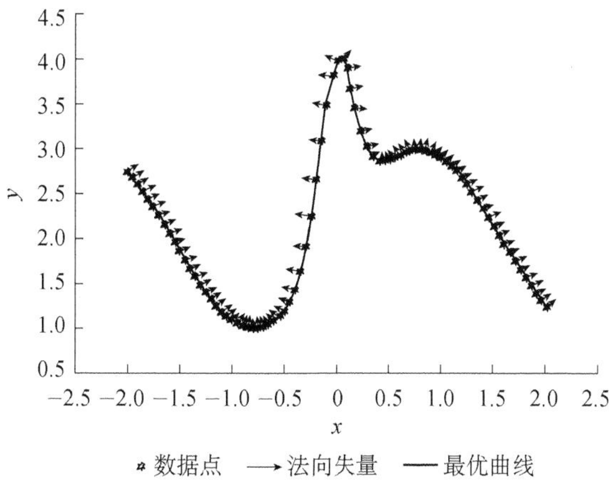

图3.2　例3.1拟合效果图

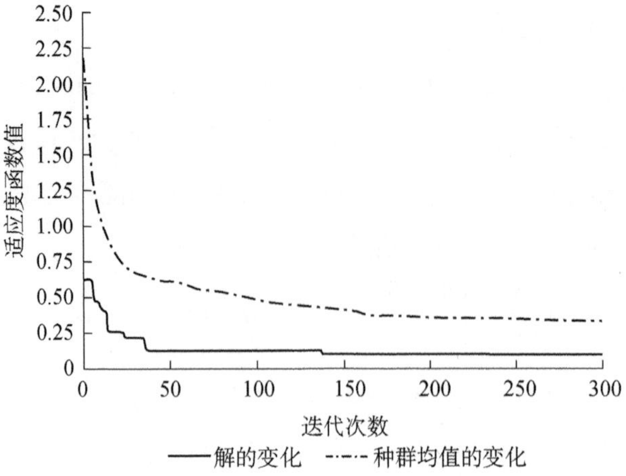

图 3.3　例 3.1 拟合的 PSO 收敛图

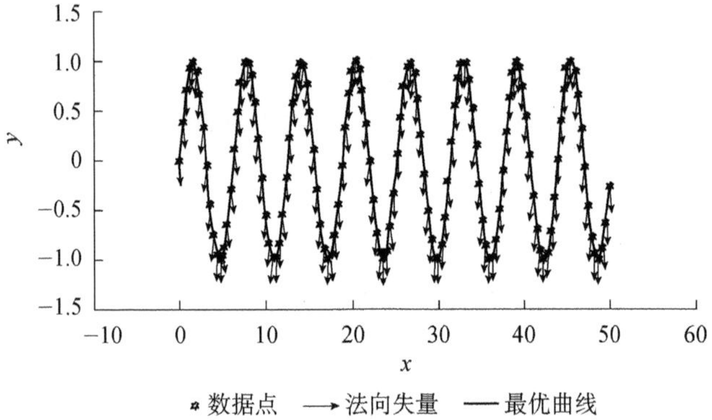

图 3.4　例 3.2 拟合效果图

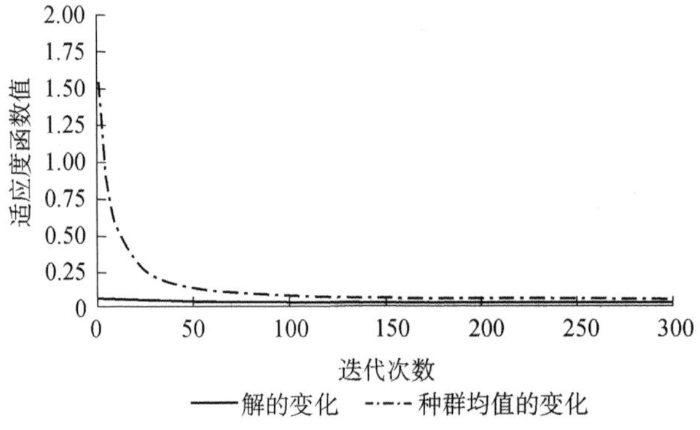

图 3.5　例 3.2 拟合的 PSO 收敛图

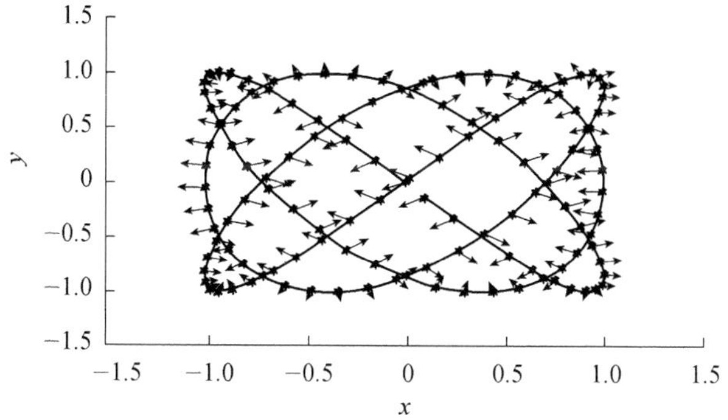

图 3.6　例 3.3 拟合效果图

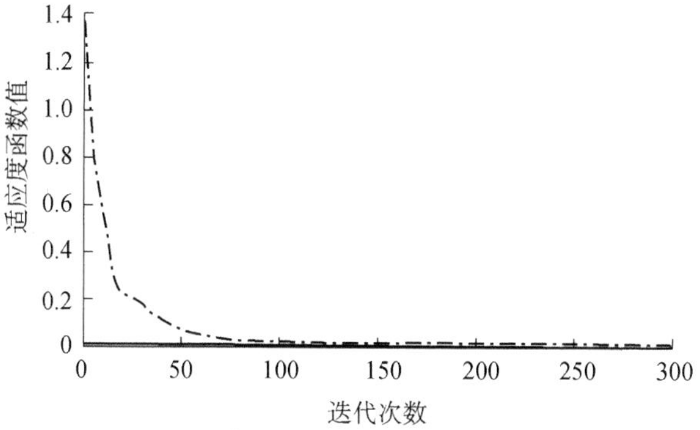

图 3.7　例 3.3 拟合的 PSO 收敛图

本方法与传统解决曲线拟合问题的最小二乘法进行了比较，结果显示本方法的拟合效果更好。此外，本章方法还与节点自由化的方法进行了比较，结果显示本方法在法向的逼近上效果更好。现做出以下 4 种方案。

方案 1，以传统最小二乘法求解最佳控制顶点，节点向量使用 3.4.1 节中的均匀节点向量。

方案 2，以传统最小二乘法求解最佳控制顶点，节点向量使用 3.4.1 节中的平均节点向量。

方案 3，以传统最小二乘法求解最佳控制顶点，节点向量使用 3.4.1 节中的皮格尔逼近节点向量。

方案 4，PSO 节点自由化的方法[4]。

当然，若是这几种方案和本方法在不同的节点数量下进行比较，则失去了比较的意义，所以表 3.1～表 3.3 中的数据均是在节点数量相同的前提下进行的比较。从表 3.1～表 3.3 中可以看出，通过与传统解方程组的方法比较，无论例 3.1～例 3.3 中哪个例子本章方法在数据点和在法向的误差都是最小的，这也说明本章所提方法是确实行之有效的。另外，通过与节点自由化的方法[4]进行比较发现，虽然单纯的数据拟合所产生的数据点的误差会比较小，但是对于重构出的曲线相应参数值处的法向误差相对于本章带法向约束的法向误差会比较大，也就是说在形状上来说，本章所重构出的曲线会更贴近原始扫描物体的形状。这样一来，对于光学反射曲线曲面设计等对法向比较敏感的领域本章方法会比较实用。

表 3.1　例 3.1 误差比较

方法	数据点误差	法向误差
本章方法	0.000148	0.009502
方案 1	0.001591	0.215605
方案 2	0.277079	6.338166
方案 3	0.002061	0.350195
方案 4	0.000002	1.432952

表 3.2　例 3.2 误差比较

方法	数据点误差	法向误差
本章方法	0.000547	0.002647
方案 1	0.001547	0.021054
方案 2	42.181589	24.155034
方案 3	0.001027	0.011136
方案 4	0.000431	0.003834

表 3.3　例 3.3 误差比较

方法	数据点误差	法向误差
本章方法	0.000010	0.001698
方案 1	0.000261	0.076109
方案 2	0.586411	4.390278
方案 3	0.000035	4.390278
方案 4	0.000003	0.013832

3.5 本章小结

本章提出一种将带有法向约束的数据逼近问题转化为无约束数据逼近问题，并用PSO得到最优解的方法，它通过建立数据点和法向的误差平方和函数，作为PSO的适应度函数，通过调整节点向量的位置，使得B样条拟合曲线越来越精确；其中，自适应的节点向量是本章方法的核心思想。

通过与传统的反求线性方程组系统求解拟合问题方法的比较可以发现，本章提出的方法在法向误差精度和数据点误差精度上均有明显的提高。使用B样条曲线拟合离散数据点的要点在于选取好的节点向量，因为反求线性方程组系统的方法节点向量是固定的，所以说拟合效果有时会比较差。然而本章中在节点向量自由化后，通过PSO算法自适应地确定节点的位置，使得该问题得以比较完美地解决。通过与节点自由化的方法的比较发现，在数据点误差精度上相差不大的情况下，本章提出的方法法向误差精度有显著的提高，而法向误差在光学反射曲线曲面设计等对法向比较敏感的应用领域起至关重要的作用。

本章提出的方法基本可以解决所有类型的带法向约束的曲线拟合问题。其不足之处在于，数据点的参数化使用的是固定的向心参数法，如果将参数也作为变量自适应地选择，则可能会使结果更好。

参考文献

[1] 胡良臣, 寿华好. PSO求解带法向约束的B样条曲线逼近问题. 计算机辅助设计与图形学学报, 2016, 28(9):1443-1450.

[2] Heppner F, Grenander U, Heppner U, et al. A stochastic nonlinear model for coordinate bird flocks//Kransner S. The Ubiquity of Chaos. Washington: American Association for the Advancement of Science, 1990:233-238.

[3] Kennedy J, Eberhart R. Particle swarm optimization. Proceedings of IEEE International Conference on Neural Networks, Perth, 1995:1942-1948.

[4] Gálvez A, Iglesias A. Efficient particle swarm optimization approach for data fitting with free knot B-splines. Computer-Aided Design, 2011, 43(12):1683-1692.

第4章　带法向约束的B样条曲线逼近GA算法

第 3 章利用粒子群优化（PSO）算法求解法向约束下的 B 样条曲线逼近问题，本章将继续讨论法向约束下的 B 样条曲线逼近问题，考虑实遗传算法（genetic algorithm，GA）求解控制顶点以及二进制 GA 优化节点向量。

第一，提出一种带有法向约束的实 GA 求解曲线逼近问题的方法，即将带有法向约束的问题通过惩罚函数的方法转化为无约束的最优化问题，然后以实 GA 取代传统的反求线性方程组系统或几何构造等方法求解最佳控制顶点，从而实现较为高效率逼近的同时很大程度上简化了计算流程，更加易于理解。并且通过实验对比了该方法在不同节点向量以及在不同的内节点数量情况下的曲线逼近程度的实际效果，数据实验表明该方法解决带法向约束的逼近问题切实可行。

第二，为解决法向约束下的曲线重构问题提出了一种优化方案，使得重构出的曲线在逼近数据点的同时，满足相应法向约束。首先，利用惩罚函数的方法将带法向约束的优化问题转化为无约束的优化问题。然后，引入二进制编码的 GA，建立合适的适应度函数，自适应产生优化节点向量，如此迭代进化，直到产生令人满意的重构曲线为止。考虑到节点向量非递减的特性，而 GA 算法在寻找最优节点向量的过程中有可能打乱节点向量的顺序，所以在建立适应度函数的时候将变量调整为无序有界变量。通过与传统最小二乘方法和 PSO 优化方法的比较，所提方案在解决带法向条件约束的曲线重构问题上优势明显，且对于任意形状的曲线重构都行之有效[1,2]。

4.1　实GA控制顶点求解

对于第3章所述的法向约束下的B样条曲线逼近问题，固定节点，固定数据点参数值，利用实GA优化求解式（3.6），避免了传统方法的反求线性方程系统的计算以及几何构造的局限性，易于理解，简单方便。实验结果证明该方案是有效的。当B样条曲线的控制顶点的数量不同时，同样会影响数据点的拟合效果，理论上来说，控制顶点越多，曲线灵活性越大，拟合出来的效果也就越好，但是由于遗传算法本身的随机盲选的特性，待求解的变量维数过多的话，就会影响到最优解的产生。实验中给出了在同等条件下改变控制顶点的数量所引起的误差值变化的对比。众所周知，选取合适的样条函数的关键在于节点向量的确定，一个好的节点向量的选取对于曲线逼近的效果起到至关重要的作用。这里采用了皮格尔逼近节点向量，并且与其他常用于曲线拟合问题的节点向量做了对比，结果皮格尔逼近节点向量的实验结果显示其确实具有优越性。

4.1.1　节点向量的设置

节点向量的选择对曲线的形状有很大的影响，不合理的节点将导致曲线逼近程度的变坏，所以曲线逼近问题的解决很大程度上取决于节点向量的选择。时至今日，解决这一问题的方法虽然很多，但最佳的方案仍尚待研究。这里，将对比已有的节点配置方法在我们提出的解决法向约束曲线逼近问题的方案里各自的效果。如第3章所述，常用的节点向量配置方法有均匀节点向量、平均节点向量和皮格尔逼近节点向量等，这里采用了皮格尔逼近节点向量，在实验中将给出选取不同的节点向量时的曲线逼近情况的对比。

4.1.2　实GA原理及相关设置

遗传算法是一种借鉴生物界物种在繁衍生存过程中的遗传进化规律（适

者生存，优胜劣汰的机制）演化而来的随机全局优化搜索方法。遗传算法的基本理论与基本方法起初是由美国的 Holland 教授在 1975 年提出，其最为突出的特点是直接对可行解本身进行仿生操作，不存在函数的求导以及连续性等条件的限定；具有与生俱来的内在并行性和较好的全局搜索寻优的能力；自动确定和进行优化的搜索空间，自适应地调整搜索的方向，不需要人为干预以及确定规则。遗传算法的这些优良的性质，已被人们广泛地应用于自适应控制、信号处理、人工生命、机器学习和组合优化等领域。它是现代有关智能计算中的关键技术。

1. 相关算子以及参数设置

标准的遗传算法采用二进制编码，但是随着二进制编码应用于各个领域，越来越多的研究者发现，在处理高维的优化问题或者在要求问题解的精度足够高的时候，二进制编码需要足够长的码串，严重影响了其搜索最优解的效率。但是采用实数编码形式的话，则有效地避免了这一问题。因为实数编码直接将实数作为染色体进行遗传算法的操作，所以它在继承了二进制编码所有优点的同时，还降低了算法的复杂度，提高了效率，能够更快、更加合理地调节种群的局部解。

同二进制编码一样，实数编码的遗传算法同样包括了三个基本操作，选择、交叉以及变异。

（1）选择算子。选择算子采用随机竞争选择外加精英保留选择双机制。首先对种群进行精英保留，将种群中最好的个体直接复制到下一代；然后随机竞争选择，每次按照轮盘赌选择机制（适应度值高的个体选中的概率大）选取一对个体；最后让这两个个体进行竞争，适应度值高的个体保留，直到选满种群大小为止。

（2）交叉算子。对种群个体进行算术交叉的方法。假设有两个父代个体 $\Im_1=\left\{\Im_1^1,\Im_2^1,\cdots,\Im_n^1\right\}$，$\Im_2=\left\{\Im_1^2,\Im_2^2,\cdots,\Im_n^2\right\}$，则子代产生方式如下：

$$\Im_i=\left\{\overline{\Im_1^i},\overline{\Im_2^i},\cdots,\overline{\Im_n^i}\right\},\quad i=1,\ 2$$

其中，$\overline{\Im_i^1}=\lambda\Im_i^1+(1-\lambda)\Im_i^2$，$\overline{\Im_i^2}=\lambda\Im_i^2+(1-\lambda)\Im_i^1$；$\lambda$取常数时为均匀算术杂交，取变量时为非均匀算术杂交。另外，交叉概率 P_c 取值 0.9。

（3）变异算子。采用高斯变异算子，变异概率 P_m 取 0.1，对于需要变异的个体 $\Im=\left\{\Im_1,\Im_2,\cdots,\Im_n\right\}$ 确定 n 个服从均值为零、方差为 σ_i 的正态分布随机变量 $N(0,\sigma_i),\ i=1,2,\cdots,n$，变异后的子代 $\overline{\Im}=\left\{\overline{\Im_1},\overline{\Im_2},\cdots,\overline{\Im_n}\right\}$ 的分量为

$$\overline{\Im_i}=\Im_i+N(0,\sigma_i),\quad i=1,2,\cdots,n$$

适应度函数：把式（3.12）的变量改为控制顶点 $\left\{\boldsymbol{P}_i\right\}_{i=0}^{n}$，然后将求最小值的优化问题取负值，变为合适的遗传算法的求最大值的问题，取适应度函数如下：

$$\text{fitness}(\boldsymbol{X})=\text{Fit}\left(Q\left(\boldsymbol{P}_0,\boldsymbol{P}_1,\cdots,\boldsymbol{P}_n,C_0\right)\right)=-Q\left(\boldsymbol{P}_0,\boldsymbol{P}_1,\cdots,\boldsymbol{P}_n,C_0\right)\qquad(4.1)$$

变量：对于一组待求解的控制顶点 $\boldsymbol{P}_0\left(x_0,y_0\right),\boldsymbol{P}_1\left(x_1,y_1\right),\cdots,\boldsymbol{P}_n\left(x_n,y_n\right)$，考虑到拟合曲线端点插值，设置变量 $\boldsymbol{X}=\boldsymbol{X}\left(X_0,X_1,\cdots,X_{2n-3}\right)$，其长度为$2(n-1)$，对应于控制顶点的坐标为

$$\boldsymbol{X}\left(x_1,\cdots,x_{n-1},y_1,y_2,\cdots,y_{n-1}\right)=\boldsymbol{X}\left(X_0,X_1,\cdots,X_{2n-3}\right)$$

2. 算法描述

总结以上关于遗传算法以及相关参数的描述，给出以下关于带有法向约束的曲线拟合算法的描述。

（1）输入待拟合数据 $\boldsymbol{d}_i(i=0,1,\cdots,M)$ 及其对应法向 $\boldsymbol{l}_i(i=0,1,\cdots,M)$。

（2）依照式（3.13）计算数据点参数化，并进行合适的节点向量（选用皮格尔节点向量）选取，以及有效的适应度函数（如式（4.1））的建立。

（3）遗传算法相关参数的设置，包括种群规模 P_{SIZE}、代沟 G_{GAP}、最大迭代次数 M_{ITER}。

（4）初始化种群 $\zeta(t)=\left\{\zeta_i\right\}_{i=0}^{P_{\text{SIZE}}-1}$ 并计算初始种群 $\left\{\zeta_i\right\}_{i=0}^{P_{\text{SIZE}}-1}$ 中每一个个体的适应度值。

（5）交叉算子对 $\zeta(t)$ 进行操作，产生 $\zeta^1(t)$。

（6）变异算子对 $\zeta^1(t)$ 进行操作，产生 $\zeta^2(t)$。

（7）计算 $\zeta^2(t)$ 中所有个体的适应度值，并执行选择算子对 $Q\cup\zeta^2(t)$ 进行操作，产生 $\zeta(t+1)$。

（8）判断迭代终止的条件，如果满足条件，则输出最优控制顶点；否则转到步骤（5）继续迭代。

4.1.3 数值实验与说明

例4.1 以 $y=\sin(x)$ 为采样函数，在区间[0, 4π]上以 0.2 为间隔均匀取点和相应法向，取点个数为 63，种群的规模取 40，最大迭代次数为 5000，样条曲线次数为 3。

例4.2 以参数曲线 $\begin{cases} x=(1+\sin(t))\sin(t) \\ y=(1+\sin(t))\cos(t) \end{cases}$ 作为采样函数，在区间[0, 2π]上以 0.1 为间隔均匀取点和相应法向，取点个数为 63，种群规模取 40，最大迭代次数为 1000，样条曲线次数为 3。

例4.3 以 $y=-(2x+1)\mathrm{e}^{-10x^2+2x-1}$ 作为采样函数，在区间[0, 1]上以 0.05 为间隔均匀取点和相应法向，取点个数为 20，种群规模取 50，最大迭代次数为 6000，样条曲线次数为 3。

选取三个不同的实例（图 4.1），对所提出的算法的可行性进行了验证，每个实例均做 10 次相同实验，然后取均值并在表 4.1～表 4.4 中分别列出具体数值。实验对比了相同条件下取不同数量控制顶点时，数据点误差以及法向误差，以及对比了我们所采用节点向量跟其他两种经典节点向量取法的 B 样条曲线拟合效果。从图 4.2～图 4.7 中，可以比较直观地看出三个例子的实际收敛效果和拟合效果，实验证明本章提出的算法对于解决此类问题是可行的。算法迭代的前期均能比较快速地收敛，但是对于后期随着种群越来越靠近最优值，收敛速度逐渐变慢，所以想获取更高的拟合精度就必须尽量延长算法的迭代次数。表 4.1～表 4.3 中所列出的数据，比较鲜明地对比了三个实例对于控制顶点数量不同时，其实际拟合效果的不同。最后表 4.4 中给出了当控制顶点取相同数量时，采用不同节点向量，本章提出的方法所采用的节点向量的优越性。

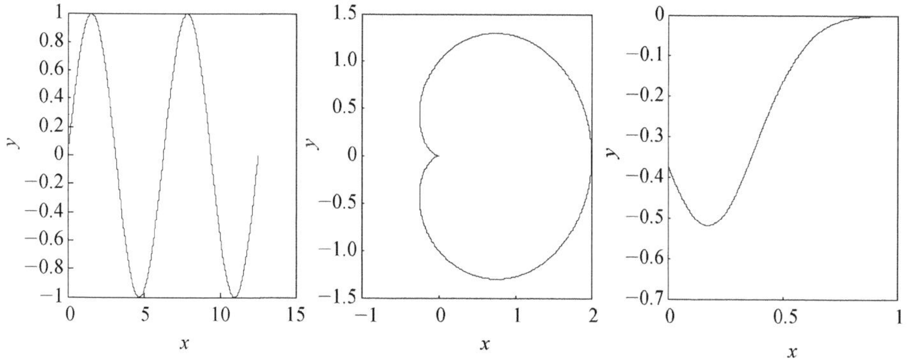

图 4.1　实验实例的图形

表 4.1　例 4.1 控制顶点数量不同时的数据点和法向处的各自平均误差比较

例4.1误差项	控制顶点数量							
	20	22	24	26	28	30	32	34
数据误差/10^{-2}	14.6081	8.4330	2.0205	1.9053	1.9001	1.2013	1.1950	1.0432
法向误差/10^{-2}	18.4663	13.6601	2.2911	2.1138	2.1189	1.2447	1.2605	1.2407

表 4.2　例 4.2 控制顶点数量不同时的数据点和法向处的各自平均误差比较

例 4.2 误差项	控制顶点数量							
	12	14	16	18	20	22	24	26
数据误差/10^{-2}	1.1081	0.2924	0.1049	0.0492	0.0924	1.4115	6.5870	0.0807
法向误差/10^{-2}	6.0067	2.4664	1.1740	0.6074	0.4010	1.6054	6.0514	0.1185

表 4.3　例 4.3 控制顶点数量不同时的数据点和法向处的各自平均误差比较

例 4.3 误差项	控制顶点数量							
	8	10	12	14	16	18	20	22
数据误差/10^{-2}	2.9323	2.2060	2.0317	0.9467	17.2710	24.6440	38.9650	74.0370
法向误差/10^{-2}	4.9126	6.5371	0.18417	0.1535	5.5208	3.7462	17.4340	2.9591

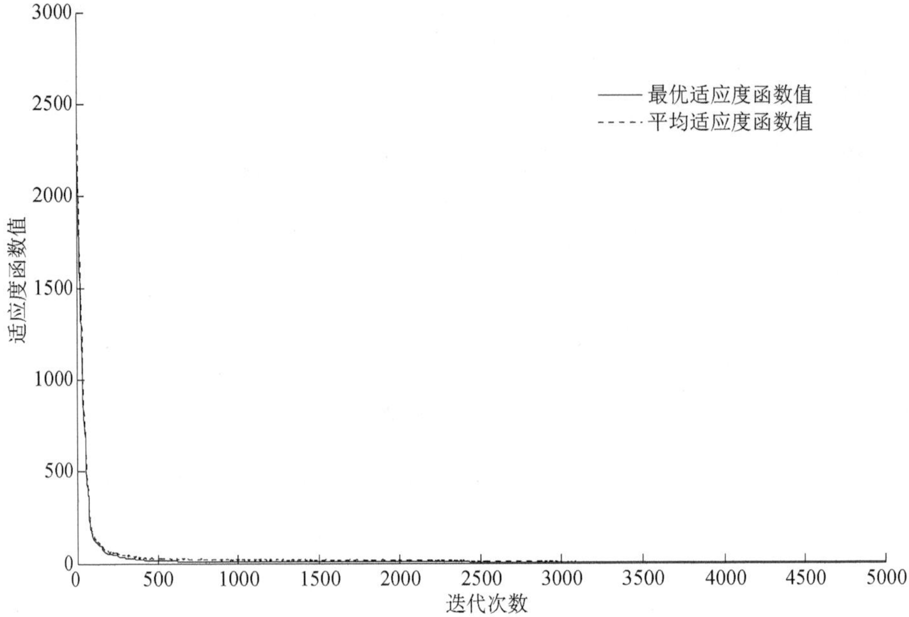

图 4.2　例 4.1 的 GA 收敛效果图

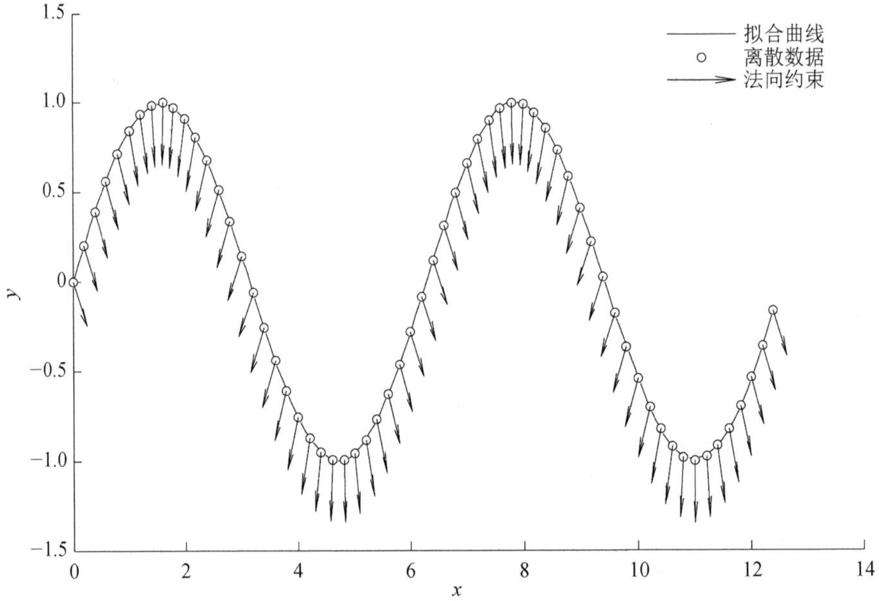

图4.3　例4.1基于GA的法向约束下B样条拟合效果图

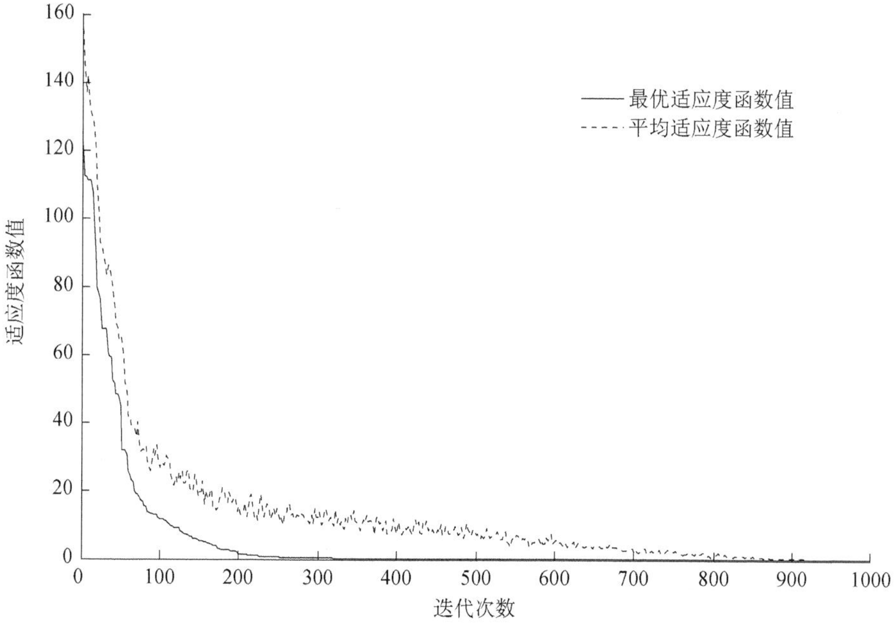

图 4.4　例 4.2 的 GA 收敛效果图

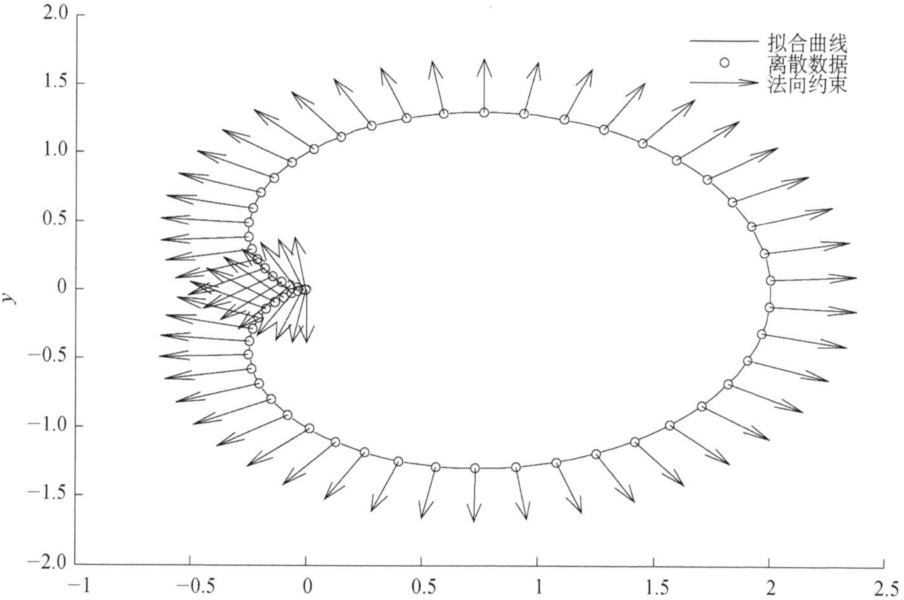

图 4.5　例 4.2 基于 GA 的法向约束下 B 样条拟合效果图

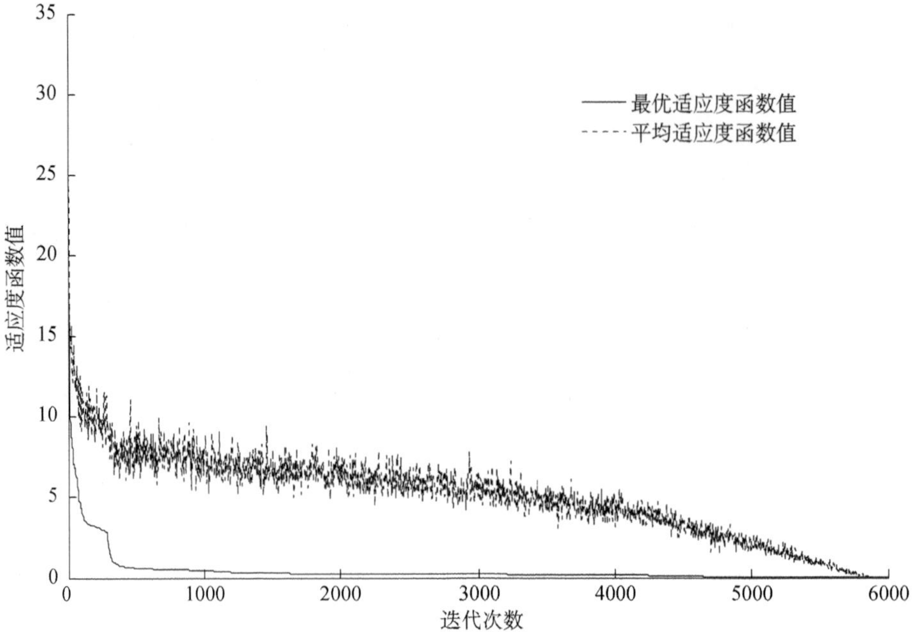

图 4.6 例 4.3 的 GA 收敛效果图

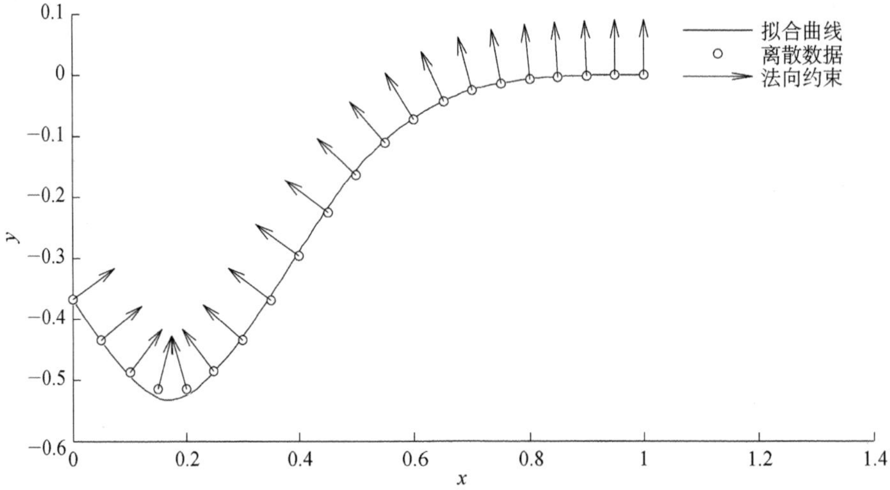

图 4.7 例 4.3 基于 GA 的法向约束下 B 样条拟合效果图

表 4.4　测试例子在取不同的节点向量时数据点和法向处的各自平均误差比较

例子	均匀节点向量		平均节点向量		皮格尔逼近节点向量	
	数据误差 $/10^{-2}$	法向误差 $/10^{-2}$	数据误差 $/10^{-2}$	法向误差 $/10^{-2}$	数据误差 $/10^{-2}$	法向误差 $/10^{-2}$
例 4.1	1.3830	3.8050	546.7140	946.4743	0.0807	0.1185
例 4.2	18.6303	174.8812	340.5602	109.6710	1.0432	1.2407
例 4.3	10.9910	3.1999	26.7380	4.1938	0.9467	0.1535

4.2　二进制 GA 节点优化

在最小二乘拟合下，影响一条完整的B样条重构曲线形状的因素有两点：①节点向量的选取；②数据点参数化的分布情况。不同的节点向量和数据点参数化的选择对曲线的形状有很大的影响，不合理的节点和参数化将导致曲线逼近程度的变坏。一般来说，数据点参数化可以采用第 3 章中式（3.13）所述的向心参数化方法，这种方法也得到了广泛的认可。对于节点向量的选取，时至今日，虽然解决这一问题的方法很多，但最佳的方案仍尚待研究。

在第 3 章中，讨论了 PSO 算法求解法向约束下 B 样条曲线逼近问题。本章将利用 GA 算法对节点进行优化，并进行了讨论。图 4.8 为基于 GA 的法向约束下样条曲线重构算法流程图。

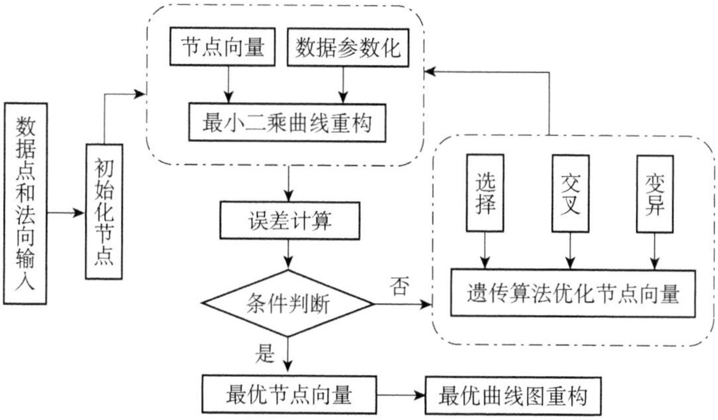

图 4.8　基于 GA 的法向约束下样条曲线重构算法流程图

4.2.1 二进制GA及相关设置

现行 GA 的编码方式很多，如二进制编码、浮点编码（即实编码）、符号编码等。二进制编码方法是遗传算法使用最广泛的编码方式之一，它使用二值符号集{0,1}，它所构成的个体基因型是一个二进制编码符号串。由多个个体基因型组成染色体（可行解），二进制编码符号串的长度间接代表问题所要求的求解精度。二进制编码具有编码、解码简单易行，交叉、变异等算子的操作易于实现等优点。符号编码适用于特定的问题，通用性不够。浮点编码适用于待搜索的解空间较大的情况，对于较小的搜索空间，采用二进制编码效果比较好。这里由于与节点相关的优化问题中变量的取值范围为[0,1]，求解空间比较小，所以采纳二进制编码的方式是合理的。

1. 相关算子以及参数设置

下面我们给出二进制 GA 所采用的编码、个体评价方式以及各算子的操作。

1）编码

对于一个完整的 n 维可行解 $\Im=\{\Im_1,\Im_2,\cdots,\Im_n\}$，其中每一维度的分量 $\Im_i(i=1,2,\cdots,n)$ 的取值范围为 $[a_i,b_i]$。如果要求的精度是小数点后 m 位，那么每个分量 $\Im_i(i=1,2,\cdots,n)$ 都要至少被分为 $(b_i-a_i)\times10^m$ 个部分。对于一个分量的二进制编码串位数（用 w_i 来表示），用如下公式来计算：

$$2^{w_i}<(b-a)\times10^m\leqslant2^{w_i}-1$$

可行解的每一维分量的取值范围均为[0,1]，搜索空间比较狭窄，而可行解需要较高的精度，故编码位数取得比较大。在所有的实验中分量编码的位数均取为 25，那么对于一个完整的可行解 $\Im$ 编码后的形式如下：

25×n位

0100101011100101110100001,···,1000110101001110000110101

25位　　　　25位

2）解码

从二进制转换成一个可用的十进制数值的方式如下：

$$\Im_i = a_i + (\text{二进制实际代表的十进制数值}) \times \frac{b_i - a_i}{2^{w_i} - 1}$$

3）个体评价

适应度函数的建立是为了评价群体每个个体的好坏程度。由于在遗传算法进化过程中不能保证节点向量的有序性，而一个无序的节点向量对于B样条曲线来说是不成立的，所以结合式（3.6），这里特意设计适应度函数来规避这个问题，具体如下：

```
f(ℑ)
{
  U = sort(ℑ);                          //对ℑ各分量进行排序
  P = solve(U);                          //最小二乘法求控制顶点
  val = −Q(P0, P1, ···, Pn, U, C0);     //式（3.12）取负值转化为最大值问题
  return val;
}
```

目的是将变量排序刻画在函数体里边与优化问题形成一个整体，那么在遗传算法进化过程中就不必再考虑变量的排序问题了。

同其他编码方式一样，二进制编码的遗传算法同样包括了3个基本操作，选择、交叉以及变异。

（1）选择。设置种群代沟 $P_g = 0.9$，通过轮盘赌选择上一代种群中的90%的个体复制到下一代中。

（2）交叉。这里选择交叉概率 $P_c = 0.7$ 的单点交叉方式，并对本代个体数量交叉，直到恢复原始种群规模。

（3）变异。选取变异概率 $P_m = 0.7 / \text{length}$ ，length为染色体结构的长度。

2. 具体算法描述

总结以上关于遗传算法以及相关参数的概述，给出以下关于带有法向约束的曲线拟合算法的描述。

（1）输入待拟合数据 $\boldsymbol{d}_i (i = 0,1,\cdots,M)$ 及其对应法向 $\boldsymbol{l}_i (i = 0,1,\cdots,M)$ 。

（2）数据点参数化，以及有效的适应度函数（如式（4.1）描述）的建立。

（3）遗传算法相关参数的设置，包括种群规模 P_{SIZE} 、代沟 P_g 、交叉概率

P_c、变异概率 P_m、最大迭代次数 M_{ITER}。

（4）初始化二进制编码的种群 $\zeta(t)=\{\zeta_i\}_{i=0}^{P_{\text{SIZE}}-1}$。

（5）解码并通过最小二乘法计算控制顶点，计算初始种群 $\{\zeta_i\}_{i=0}^{P_{\text{SIZE}}-1}$ 中每一个个体的适应度值。

（6）判断迭代终止的条件，如果满足条件，则输出最优节点向量和控制顶点并计算重构曲线，否则转到步骤（7）继续进行。

（7）对 $\zeta(t)$ 按照轮盘赌方式执行选择算子，产生 $\zeta^1(t)$。

（8）执行交叉算子单点交叉，对 $\zeta^1(t)$ 进行操作产生 $\zeta^2(t)$。

（9）变异算子对 $\zeta^2(t)$ 进行操作产生 $\zeta(t+1)$，继续步骤（5）。

4.2.2 数值实验及说明

例 4.4 以参数曲线 $\begin{cases}x=r\cos(3t)\\y=r\sin(3t)\end{cases}$ 作为采样函数，其中，$r=10(1+t)$，在区间 $[0,2\pi]$ 上以 0.05 为间隔均匀取点和相应法向，取点个数为 126，种群的规模取 40，最大迭代次数为 300，样条曲线次数为 3。

例 4.5 以参数曲线 $\begin{cases}x=\sin(0.75t)\\y=\sin(t)\end{cases}$ 作为采样函数，在区间 $[-4\pi,4\pi]$ 上以 0.2 为间隔均匀取点和相应法向，取点个数为 126，种群规模取 40，最大迭代次数为 300，样条曲线次数为 3。

例 4.6 以参数曲线 $\begin{cases}x=2(5\cos(t)-\cos(6t))\\y=2(3\sin(t)-\sin(4t))\end{cases}$ 作为采样函数，在区间 $[0,2\pi]$ 上以 0.05 为间隔均匀取点和相应法向，取点个数为 126，种群规模取 40，最大迭代次数为 300，样条曲线次数为 3。

例 4.7 以参数曲线 $\begin{cases}x=(a+b)\cos(t)-h\cos\left(\dfrac{a+b}{b}t\right)\\y=(a+b)\sin(t)-h\sin\left(\dfrac{a+b}{b}t\right)\end{cases}$ 作为采样函数，其中，a=3，b=1/3，h=1，在区间 $[-\pi,\pi]$ 上以 0.05 为间隔均匀取点和相应法向，取点个数为 126，种群规模取 40，最大迭代次数为 300，样条曲线次数为 3。

选取 4 个较为复杂的实例（图 4.9），例 4.4 图形中数据点间隔变化比较均匀，例 4.5 和例 4.7 图形都具有多个交叉点，例 4.6 图形局部变化较为尖锐，这 4 个例子均具有一般的代表性。通过比较具有代表性的例子对所提出的算法的有效性进行验证，每个实例均做 10 次相同实验，然后取均值并在表 4.5～表 4.8 中分别列出具体数值，表中的传统方法指的是 3.3.1 节所描述的传统的最小二乘法。图 4.10 和图 4.11、图 4.12 和图 4.13、图 4.14 和图 4.15、图 4.16 和图 4.17 分别为 4 个实例的遗传算法优化节点向量的收敛图和曲线重构效果图，据此可以比较直观地看出 4 个例子的实际收敛效果和拟合效果，实验验证了本章方法对于解决此类问题是可行的。图 4.10、图 4.12、图 4.14、图 4.16 中种群均值的变化和解的变化表明不同的节点向量对曲线重构的影响还是相当明显的，算法迭代的前期均能比较快速地收敛，但是对于后期随着种群越来越靠近最优值，收敛速度逐渐变慢，所以想获取更高的曲线重构精度就必须尽量延长算法的迭代次数或者增加节点向量的变量数目。3.3.1 节中所描述的传统的最小二乘法为了保证 $\boldsymbol{N}^{\mathrm{T}}\boldsymbol{N}$ 的正定性，它的节点向量需要特意去构造，但是一旦将节点向量固定也就意味着 B 样条曲线固定，那么曲线的自由性就有所限制，这样重构出来的曲线误差就会比较大。将节点向量自由化之后，通过遗传算法寻求节点数目（节点数目可人为自由选取）确定之后的最优节点向量，加之以法向条件的约束，使得与原扫描模型最匹配的重构曲线被构造出来。表 4.5～表 4.8 中的数据表明，本章所提出的节点优化的方案确实显示出了比较明显的优越性。

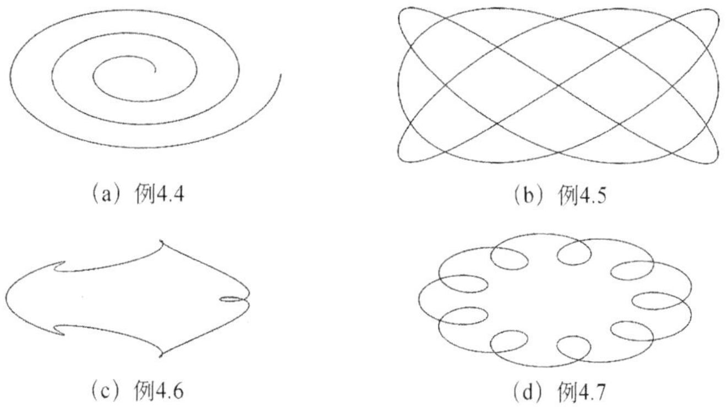

(a) 例4.4　(b) 例4.5

(c) 例4.6　(d) 例4.7

图 4.9　实验实例的图形

表 4.5　例 4.4 的平均误差比较

例 4.4	数据点误差	法向误差
本章方法	1.0636×10^{-5}	5.0400×10^{-6}
传统方法	4.6388	1.0181
PSO 方法	3.8536×10^{-4}	1.9047×10^{-4}

表 4.6　例 4.5 的平均误差比较

例 4.5	数据点误差	法向误差
本章方法	7.1504×10^{-5}	1.1832×10^{-3}
传统方法	5.8641×10^{-1}	4.3903
PSO 方法	5.3608×10^{-4}	5.9514×10^{-2}

表 4.7　例 4.6 的平均误差比较

例 4.6	数据点误差	法向误差
本章方法	1.6941×10^{-2}	7.8762×10^{-2}
传统方法	6.4936×10	2.6500×10
PSO 方法	4.3023×10^{-2}	7.8448×10^{-1}

表 4.8　例 4.7 的平均误差比较

例 4.7	数据点误差	法向误差
本章方法	7.1355×10^{-4}	7.2261×10^{-3}
传统方法	9.3381×10	5.4974×10
PSO 方法	1.2430×10^{-2}	1.7969×10^{-1}

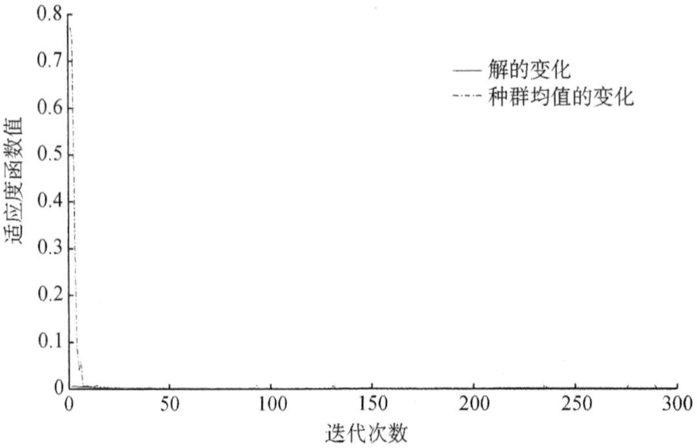

图 4.10　例 4.4 的 GA 收敛效果图

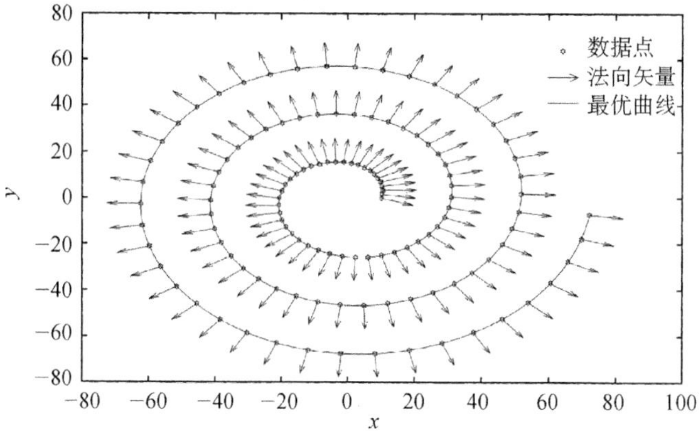

图 4.11　例 4.4 重构效果图

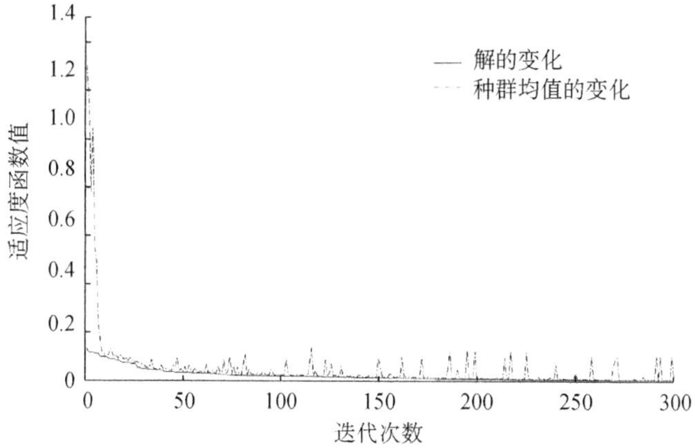

图 4.12　例 4.5 的 GA 收敛效果图

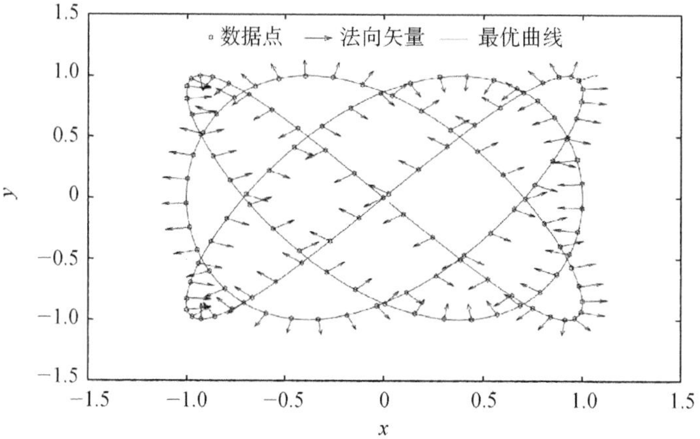

图 4.13　例 4.5 重构效果图

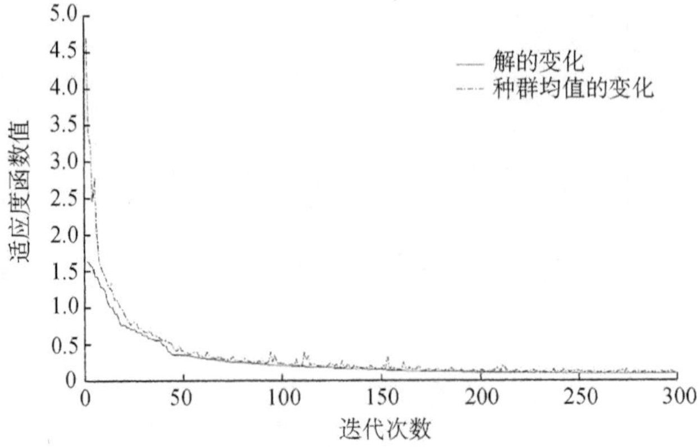

图 4.14　例 4.6 的 GA 收敛效果图

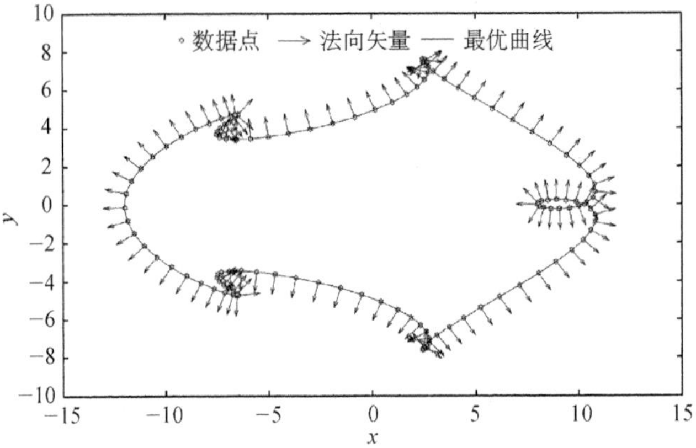

图 4.15　例 4.6 重构效果图

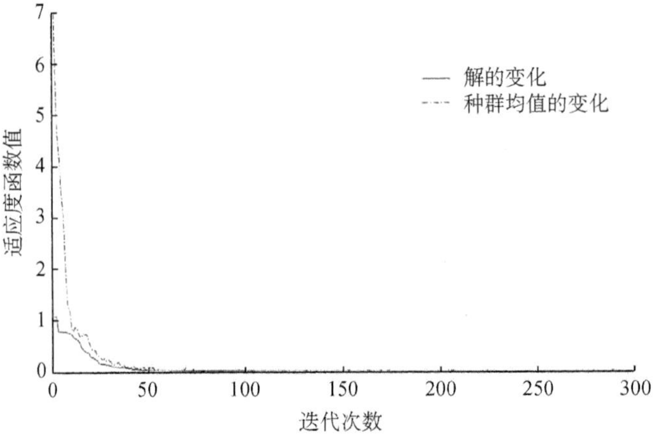

图 4.16　例 4.7 的 GA 收敛效果图

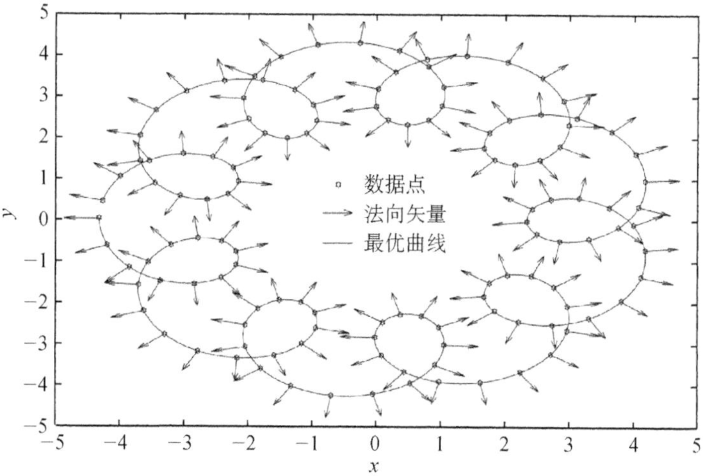

图 4.17 例 4.7 重构效果图

另外，为了凸显遗传算法的优越性，我们还利用粒子群算法（PSO）对例 4.4～例 4.7 做了同样的实验。关于本实验 PSO 的相关参数的设置：与遗传算法一致，种群规模取 40，迭代次数取 300，对于 PSO 特有的学习因子、惯性权重，这里分别取 2.0 和 0.7。由于在迭代过程中种群的个体可能会发生越界的情况（变量要求在[0,1]之间），我们将越界个体重新随机初始化[0,1]之间的某个位置。通过表 4.5～表 4.8 中的数据可以看出，遗传算法相对粒子群算法来说在求解此类问题上较为优越。

在实验过程中，上述所有实例的数据点参数化方法均选用向心参数化。为了显示不同的参数化方法对以上各实例重构效果的影响情况，利用本章的方法在相同的实验条件下，分别选取累加弦长参数法、均匀参数化方法以及本章所采纳的向心参数化方法进行比较，比较结果如表 4.9 和表 4.10 所示。可以看出，不同的参数化方法确实对实验结果有着不同的影响，从数据来看均匀参数化方法效果最好，主要原因可能是这 4 个例子的数据点分布取得比较均匀。另外可以看出，本章所采纳的向心参数化方法比累加弦长参数化方法的重构效果要更好一些。当然，这仅是对本章中所采纳的 4 个例子而言，不同的参数化选择对于其他的重构情况的效果可能又会不一样。参数化的选择很大程度上取决于数据分布情况，那么对于不同的参数化方法就有不同的适用场合，这给我们一定的启发，如果有合适的方法对参数化自适应选择，重构的效果可能会更加地鲜明。

表 4.9　数据点平均误差比较

参数化方法	数据点误差			
	例 4.4	例 4.5	例 4.6	例 4.7
累加弦长参数化	5.68×10^{-6}	3.46×10^{-4}	1.00×10^{-1}	1.22×10^{-3}
向心参数化	1.56×10^{-5}	2.80×10^{-5}	1.74×10^{-2}	2.69×10^{-4}
均匀参数化	8.41×10^{-6}	3.47×10^{-7}	2.92×10^{-4}	1.95×10^{-4}

表 4.10　法向平均误差比较

参数化方法	法向误差			
	例 4.4	例 4.5	例 4.6	例 4.7
累加弦长参数化	2.49×10^{-6}	3.53×10^{-2}	5.41×10^{-1}	3.58×10^{-3}
向心参数化	6.51×10^{-6}	1.91×10^{-3}	1.13×10^{-1}	1.23×10^{-3}
均匀参数化	6.05×10^{-6}	1.51×10^{-5}	9.03×10^{-4}	1.40×10^{-3}

法向约束下二维曲线的重构可以快速应用到三维光学反射面的设计上。例如，探照灯的聚光镜面设计问题。探照灯聚光镜面是一张旋转曲面，它是由 xOy 坐标面上一条带法向约束的曲线绕 x 轴旋转而成。按照聚光镜性能要求，在其旋转轴上一点 O 处发射光线，经它反射后都与旋转轴平行。这里我们给出一个设计例子，如图 4.18 所示。

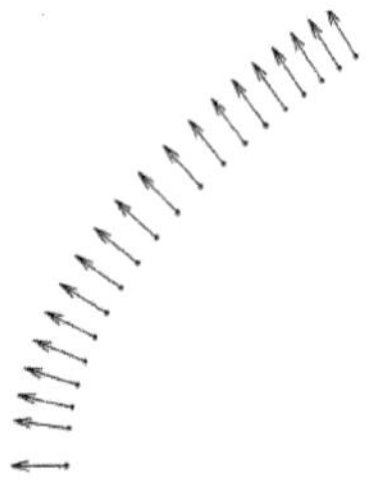

(a) 按设计要求获取的型值点和型值点处法向量

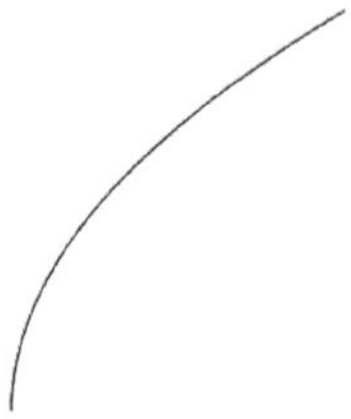

(b) 本章方法构造出来的B样条曲线

(c) 构造出的B样条曲线旋转而成的旋转光学反射曲面

图 4.18　光学反射面设计示意图

4.3　本章小结

带法向约束的自由曲线曲面重构在光学反射面设计中起到十分重要的作用。对于没有约束的曲线重构方法所构造出来的曲线，虽然在扫描数据点的逼近程度上会比较令人满意，但是没有约束条件，可能会导致重构出来的曲线丢失原扫描模型的某些特征或性质。本章针对带有法向约束条件的离散数据集所提出来的这种法向约束下的曲线重构算法，会在逼近数据点的同时满足在数据点处的法向约束，因而相对于传统的曲线重构算法而言重构出来的曲线逼近效果更好。这种方案将建立的数据点和法向处的误差平方和函数作为遗传算法适应度函数的基础，不断通过遗传算法的进化原理调整节点向量的位置，使得B样条重构曲线数据误差和法向误差越来越小，形状与原扫描模型越来越贴合。其中，自适应的节点向量是本算法的核心步骤。而且本章所提出的方案对于解决法向约束下的任意扫描数据点集的重构都有效。通过实验数据与实验效果来看，相比于传统的最小二乘方法，本章所提方案确实有着比较明显的优越性。

进一步地，本章所提出的方案可以很方便地推广到带约束的空间曲线或者曲面重构问题上去。带法向约束的二维曲线重构作为三维曲面重构的基础，可以很自然地将这种思想延伸到带法向约束的三维曲面重构的问题上。而对于三维数据点集的曲线重构问题来说，鉴于它不具有法向，在本章方案的基础上只要稍微加以修改就可以解决带有切向约束条件的三维空间曲线重构问题。这些都将成为未来我们继续探索的方向。

参考文献

[1] 寿华好，胡良臣. 法向约束下B样条曲线拟合的实编码GA算法. 浙江工业大学学报，2016, 44(4):466-472.

[2] 胡良臣，寿华好. PSO求解带法向约束的B样条曲线逼近问题. 计算机辅助设计与图形学学报, 2016, 28(9):1443-1450.

第5章　带法向约束的隐式曲线重构PIA算法

由于 NURBS 和 Bézier 曲线等参数化曲线方程的解在很大程度上依赖于数据点的正确参数化，而我们取得的数据点在绝大多数情况下是无序排列的，因此如何正确计算数据点的参数化是一个难题。与参数化曲线相比，隐式曲线不需要对散乱数据点进行参数化，通过零水平集就可以描述具有复杂几何形状的对象，因此受到了广泛的关注。较为常见的有隐式多项式（implicit polynomial，IP）、径向基函数（radial basis function，RBF）、隐式 B 样条（implicit B-spline，IBS）等，均已广泛用于计算机视觉应用，如关键点检测[1]、点云配准[2-4]、形状描述[5]、目标识别[6]、3D 图像分割[7]和形状变换[8]等。

隐式曲线曲面的重构主要是解决额外零水平集的出现和降低计算成本以提高计算效率这两类问题。为了解决额外零水平集的出现，可以通过加入张力项[9,10]以及简化形状来解决这个问题。为了从大数据集重构表面，Huang 等[11]提出了用于构造隐式曲面的变分隐式点集曲面（variational implicit point set surface，VIPSS），它特别适用于稀疏和非均匀采样。Wang 等[12]提出了一种基于隐式层次 T 网格上的多项式样条（polynomial splines over hierarchical T-meshes，PHT）的表面重构算法，该算法有效地从大点云重构表面。Pan 等[13]通过在重构过程中加入低秩张量近似技术来降低隐式重构的存储需求。除了经典的 B 样条拟合技术外，T 样条拟合技术[14,15]同样适用于拟合大数据集，并且隐式 T 样条曲面重构算法[16-19]在逆向工程等多个领域得到了广泛的应用。

基于现有渐进迭代逼近（PIA）方法的研究，本章将 PIA 方法应用到隐式 B 样条曲线重构问题上，提出了一种带法向约束的隐式曲线重构 PIA 算法。

通过加入曲线偏移点来消除额外零水平集，同时加入法向项来约束曲线的法向方向，可以得到一条初始的隐式曲线，对其不断迭代可以使数据点误差和法向误差不断减小，直至符合给定的精度。通过与未加入法向约束的隐式渐进迭代逼近（implicit progressive-iterative approximation，I-PIA）方法[20]以及法向约束的隐式T样条曲线重构算法[21]进行对比，说明本章方法具有更快的收敛速度和更高的收敛精度[22]。

5.1　隐式曲线重构算法描述

5.1.1　隐式曲线方程

本节首先给出隐式曲线重构的问题描述。

通过给定一组无序2维平面点云集合：

$$\left\{\boldsymbol{P}_i=\left(x_i,y_i\right),\quad i=1,2,\cdots,n\right\} \tag{5.1}$$

以及这些点上对应的法向量$\left\{\boldsymbol{n}_i,i=1,2,\cdots,n\right\}$，要求找到一个非零函数$f(x,y)$，使得其零等值线$f(x,y)=0$能够拟合这组点集（式（5.1））。

为了方便计算，这里取函数$f(x,y)$为B样条函数，其表达式为

$$f(x,y)=\sum_{i=1}^{N}\sum_{j=1}^{M}C_{i,j}B_{i,j}(x,y) \tag{5.2}$$

其中，$C_{i,j}$是控制系数；$B_{i,j}(x,y)=B_i(x)B_j(y)$，$B_i(x)$和$B_j(y)$是定义在均匀节点矢量上的三次B样条基函数。通过拟合这组点集（式（5.1））得到的曲线方程为

$$z_f=\left\{(x,y)\in\Omega\subseteq\mathbf{R}^2:f(x,y)=0\right\} \tag{5.3}$$

通常情况下，隐式曲线的重构问题是通过求解最小化问题得到的，即求解以下方程：

$$\min E(\boldsymbol{C})=\sum_{i=1}^{n}f^2\left(\boldsymbol{P}_i\right) \tag{5.4}$$

其中，$\boldsymbol{C}=\left[C_{1,1},C_{1,2},\cdots,C_{1,M},\cdots,C_{N,M}\right]^{\mathrm{T}}$是控制系数。

5.1.2 带法向约束的隐式曲线重构算法

对于方程（5.4），由于未知量的个数通常是大于数据点的个数，重构结果中会出现零等值集合。为了避免存在平凡解 $f=0$，因此在数据点集中加入一些额外的偏移点作为辅助点 $\left\{\boldsymbol{P}_l=(x_l,y_l),\ l=n+1,n+2,\cdots,2n\right\}$，它们沿着每个点处的单位法向量 $\boldsymbol{n}_i$ 偏离一个有向距离 $d(d\neq 0)$，即

$$\boldsymbol{P}_l=\boldsymbol{P}_i+d\boldsymbol{n}_i,\quad l=n+i,\quad i=1,2,\cdots,n \tag{5.5}$$

并设此时隐函数在偏移点处的方程为

$$f\left(x_l,y_l\right)=d,\quad l=n+1,n+2,\cdots,n \tag{5.6}$$

现在需要找到一条隐式曲线 $f(x,y)=0$ 去逼近给定的点集且对于点在曲线上的对应位置满足相应的法向约束条件，即

$$f\left(x_i,y_i\right)=0 \text{ 且 } \nabla f\left(x_i,y_i\right)=\boldsymbol{n}_i(i=1,2,\cdots,n)$$

令 $\boldsymbol{v}_i$ 表示曲线在 $\boldsymbol{P}_i$ 处的单位切向量，则

$$\boldsymbol{v}_i\cdot\boldsymbol{n}_i=0,\quad i=1,2,\cdots,n \tag{5.7}$$

由此可以得到 n 个单位切向量 $\boldsymbol{v}_i$ 的值。于是问题转化为要求函数 f 满足：

$$\begin{cases} f\left(x_i,y_i\right)=0, & i=1,2,\cdots,n \\ f\left(x_i,y_i\right)=d, & i=n+1,n+2,\cdots,2n \\ g\left(x_i,y_i\right)=\nabla f\left(x_i,y_i\right)\boldsymbol{v}_i=0, & i=1,2,\cdots,n \end{cases} \tag{5.8}$$

5.2 隐式曲线的渐进迭代逼近

定义初始的曲线方程为

$$f^{(0)}(x,y)=\sum_{i=1}^{N}\sum_{j=1}^{M}C_{i,j}^{(0)}B_{i,j}(x,y) \tag{5.9}$$

并设 $\boldsymbol{C}^{(\alpha)}=\left[C_{1,1}^{(\alpha)},C_{1,2}^{(\alpha)},\cdots,C_{1,M}^{(\alpha)},\cdots,C_{N,M}^{(\alpha)}\right]^{\mathrm{T}}$，则对于每一个点 $\boldsymbol{P}_k$，有

$$f^{(0)}\left(x_k,y_k\right)=\sum_{i=1}^{N}\sum_{j=1}^{M}C_{i,j}^{(0)}B_{i,j}\left(x_k,y_k\right)=\left[B_{1,1}\left(x_k,y_k\right),\cdots,B_{N,M}\left(x_k,y_k\right)\right]\begin{bmatrix}C_{1,1}^{(0)}\\ \cdots \\ C_{N,M}^{(0)}\end{bmatrix}$$

则在数据点集 $\left\{\boldsymbol{P}_k=\left(x_k,y_k\right),k=1,2,\cdots,n\right\}$ 上，可以得到

$$\begin{bmatrix} f^{(0)}(x_1,y_1) \\ f^{(0)}(x_2,y_2) \\ \cdots \\ f^{(0)}(x_k,y_k) \end{bmatrix} = \boldsymbol{B}\boldsymbol{C}^{(0)}$$

其中

$$\boldsymbol{B} = \begin{bmatrix} B_{1,1}(x_1,y_1),\cdots,B_{1,M}(x_1,y_1),\cdots,B_{N,M}(x_1,y_1) \\ B_{1,1}(x_2,y_2),\cdots,B_{1,M}(x_2,y_2),\cdots,B_{N,M}(x_2,y_2) \\ \cdots \\ B_{1,1}(x_n,y_n),\cdots,B_{1,M}(x_n,y_n),\cdots,B_{N,M}(x_n,y_n) \end{bmatrix}$$

将初始控制系数值赋为 $\boldsymbol{C}^{(0)}=\boldsymbol{0}$。令 $\delta_k^{(0)}(k=1,2,\cdots,n)$ 为数据点对应的差值，其中

$$\delta_k^{(0)} = 0 - f^{(0)}(x_k,y_k),\quad k=1,2,\cdots,n$$

$$\delta_l^{(0)} = d - f^{(0)}(x_l,y_l),\quad l=n+1,n+2,\cdots,2n$$

将 $\varDelta_{i,j}^{(0)}$ 记为对应控制系数的差值，即

$$\varDelta_{i,j}^{(0)} = \sum_{k=1}^{n} B_{i,j}(x_k,y_k)\delta_k^{(0)} \tag{5.10}$$

记 $\boldsymbol{\delta}_1^{(0)}$ 和 $\boldsymbol{\varDelta}_1^{(0)}$ 为由 $\delta_k^{(0)}$ 和 $\varDelta_{i,j}^{(0)}$ 组成的列向量，即

$$\boldsymbol{\delta}_1^{(0)} = \left[\delta_1^{(0)},\delta_2^{(0)},\cdots,\delta_n^{(0)}\right]^{\mathrm{T}}$$

$$\boldsymbol{\varDelta}_1^{(0)} = \left[\varDelta_{1,1}^{(0)},\varDelta_{1,2}^{(0)},\cdots,\varDelta_{N,M}^{(0)}\right]^{\mathrm{T}}$$

可得

$$\boldsymbol{\varDelta}_1^{(0)} = \boldsymbol{B}^{\mathrm{T}}\boldsymbol{\delta}_1^{(0)}$$

同理可得，对于偏移点处的方程 $f(x_i,y_i)=d(i=n+1,n+2,\cdots,2n)$，同样有

$$\boldsymbol{\varDelta}_2^{(0)} = \boldsymbol{B}_1^{\mathrm{T}}\boldsymbol{\delta}_2^{(0)}$$

其中，$\boldsymbol{\delta}_2^{(0)}$ 为由 $\delta_l^{(0)}(l=n+1,\cdots,2n)$ 组成的列向量，$\boldsymbol{B}_1$ 为偏移点对应的B样条基函数矩阵。

对于法向的差值，根据式（5.8）中 $\nabla f(x_i,y_i)\boldsymbol{v}_i=0$，可得

$$\begin{aligned} g(\boldsymbol{P}_k) &= \nabla f(\boldsymbol{P}_k)\boldsymbol{v}_i \\ &= \sum_{i=1}^{N}\sum_{j=1}^{M} C_{i,j}\frac{\mathrm{d}B_i(x_k)}{\mathrm{d}x}B_j(y_k)v_{ix} + \sum_{i=1}^{N}\sum_{j=1}^{M} C_{i,j}B_i(x_k)\frac{\mathrm{d}B_j(y_k)}{\mathrm{d}y}v_{iy} \end{aligned}$$

$$=\sum_{i=1}^{N}\sum_{j=1}^{M}C_{i,j}\left(\frac{\mathrm{d}B_i\left(x_k\right)}{\mathrm{d}x}B_j\left(y_k\right)v_{ix}+B_i\left(x_k\right)\frac{\mathrm{d}B_j\left(y_k\right)}{\mathrm{d}y}v_{iy}\right)$$
$$=\sum_{i=1}^{N}\sum_{j=1}^{M}C_{i,j}A_{i,j}\left(x_k,y_k\right)$$

其中，v_{ix} 和 v_{iy} 分别为 v_x 在 x 轴和 y 轴上的分量。同样，令 $\delta_h^{(0)}(h=1,2,\cdots,n)$ 为法向对应的差值，有

$$\delta_h^{(0)}=0-g^{(0)}\left(x_h,y_h\right),\quad h=1,2,\cdots,n$$

通过前面的推导可得

$$\boldsymbol{\varDelta}_3^{(0)}=\boldsymbol{A}^{\mathrm{T}}\boldsymbol{\delta}_3^{(0)}$$

其中，$\boldsymbol{A}$ 为由 $A_{i,j}\left(x_k,y_k\right)$ 组成的矩阵，$\boldsymbol{\delta}_3^{(0)}$ 和 $\boldsymbol{\varDelta}_3^{(0)}$ 为由 $\delta_h^{(0)}$ 和对应控制系数的差值组成的列向量。

设 $\boldsymbol{\varDelta}^{(0)}=\boldsymbol{\varDelta}_1^{(0)}+\boldsymbol{\varDelta}_2^{(0)}+\boldsymbol{\varDelta}_3^{(0)}$，则有

$$\boldsymbol{\varDelta}^{(0)}=\boldsymbol{D}^{\mathrm{T}}\boldsymbol{\delta}^{(0)}\tag{5.11}$$

其中，$\boldsymbol{D}=\begin{bmatrix}\boldsymbol{B}\\\boldsymbol{B}_1\\\boldsymbol{A}\end{bmatrix}$，$\boldsymbol{\delta}^{(0)}=\left[\boldsymbol{\delta}_1^{(0)\mathrm{T}},\boldsymbol{\delta}_2^{(0)\mathrm{T}},\boldsymbol{\delta}_3^{(0)\mathrm{T}}\right]^{\mathrm{T}}$。由此可以得到新的控制系数 $\boldsymbol{C}^{(1)}=\boldsymbol{C}^{(0)}+\mu\boldsymbol{\varDelta}^{(0)}$，这样就生成了一条新的隐式曲线：

$$f^{(1)}(x,y)=\sum_{i=1}^{N}\sum_{j=1}^{M}C_{i,j}^{(1)}B_{i,j}(x,y)\tag{5.12}$$

类似地，第 $\alpha+1$ 条隐式曲线的生成过程为

$$\delta_k^{(\alpha)}=0-f^{(\alpha)}\left(x_k,y_k\right),\quad k=1,2,\cdots,n$$
$$\delta_l^{(\alpha)}=d-f^{(\alpha)}\left(x_l,y_l\right),\quad l=n+1,n+2,\cdots,2n$$
$$\delta_h^{(\alpha)}=0-g^{(0)}\left(x_h,y_h\right),\quad h=1,2,\cdots,n$$
$$\boldsymbol{\delta}^{(\alpha)}=\left[\boldsymbol{\delta}_1^{(\alpha)\mathrm{T}},\boldsymbol{\delta}_2^{(\alpha)\mathrm{T}},\boldsymbol{\delta}_3^{(\alpha)\mathrm{T}}\right]^{\mathrm{T}}$$
$$\boldsymbol{\varDelta}^{(\alpha)}=\boldsymbol{D}^{\mathrm{T}}\boldsymbol{\delta}^{(\alpha)}$$
$$\boldsymbol{C}^{(\alpha+1)}=\boldsymbol{C}^{(\alpha)}+\mu\boldsymbol{\varDelta}^{(\alpha)}$$

并且，令

$$\boldsymbol{b}=\left[b_1,b_2,\cdots,b_{3n}\right]^{\mathrm{T}}=\left[\underbrace{0,0,\cdots,0}_{n},\underbrace{d,d,\cdots,d}_{n},\underbrace{0,0,\cdots,0}_{n}\right]^{\mathrm{T}}$$

于是，带法向约束的隐式曲线重构 PIA 方法用矩阵的形式可以表示为

$$\boldsymbol{C}^{(\alpha+1)}=\boldsymbol{C}^{(\alpha)}+\mu\boldsymbol{D}^{\mathrm{T}}\left(\boldsymbol{b}-\boldsymbol{D}\boldsymbol{C}^{(\alpha)}\right)=\left(\boldsymbol{I}-\mu\boldsymbol{D}^{\mathrm{T}}\boldsymbol{D}\right)\boldsymbol{C}^{(\alpha)}+\mu\boldsymbol{D}^{\mathrm{T}}\boldsymbol{b} \tag{5.13}$$

其中，$\boldsymbol{I}$ 表示单位矩阵。

为保证收敛性，式（5.13）中权因子 μ 需要满足：

$$0<\mu<\frac{2}{\lambda_{\max}\left(\boldsymbol{D}^{\mathrm{T}}\boldsymbol{D}\right)}$$

其中，$\lambda_{\max}\left(\boldsymbol{D}^{\mathrm{T}}\boldsymbol{D}\right)$ 是矩阵 $\boldsymbol{D}^{\mathrm{T}}\boldsymbol{D}$ 的最大特征值。为加快收敛速度，可以取权因子 μ 为

$$\mu=\frac{2}{C}$$

其中，$C=\left\|\boldsymbol{D}^{\mathrm{T}}\boldsymbol{D}\right\|_{\infty}$。

接下来证明以上给出的带法向约束的隐式曲线重构 PIA 方法的收敛性，即

$$\boldsymbol{C}^{(\alpha+1)}=\boldsymbol{C}^{(\alpha)}+\mu\boldsymbol{D}^{\mathrm{T}}\left(\boldsymbol{b}-\boldsymbol{D}\boldsymbol{C}^{(\alpha)}\right)=\left(\boldsymbol{I}-\mu\boldsymbol{D}^{\mathrm{T}}\boldsymbol{D}\right)\boldsymbol{C}^{(\alpha)}+\mu\boldsymbol{D}^{\mathrm{T}}\boldsymbol{b},\quad \alpha=0,1,2,\cdots$$

一定收敛。

证明 由于矩阵 $\boldsymbol{D}^{\mathrm{T}}\boldsymbol{D}$ 是一个正对称矩阵，而且也是一个半正定对称矩阵，因此该矩阵的特征分解和奇异值分解是一致的，都可以表示为

$$\mu\boldsymbol{D}^{\mathrm{T}}\boldsymbol{D}=\boldsymbol{V}\operatorname{diag}\left(\mu d_1,\mu d_2,\cdots,\mu d_{n-n_0+1},\underbrace{0,\cdots,0}_{n_0}\right)\boldsymbol{V}^{\mathrm{T}}$$

其中，$\boldsymbol{V}$ 是一个正交矩阵，$\mu d_i\left(i=1,2,\cdots,n-n_0+1\right)$ 既是 $\mu\boldsymbol{D}^{\mathrm{T}}\boldsymbol{D}$ 的非零特征值，也是非零奇异值。由于 $\rho\left(\mu\boldsymbol{D}^{\mathrm{T}}\boldsymbol{D}\right)\leqslant 1$，所以

$$0\leqslant\mu d_i\leqslant 1,\quad i=1,2,\cdots,n-n_0+1$$

从而可以得到 $\boldsymbol{D}^{\mathrm{T}}\boldsymbol{D}$ 的伪逆矩阵：

$$\left(\boldsymbol{D}^{\mathrm{T}}\boldsymbol{D}\right)^{+}=\boldsymbol{V}\operatorname{diag}\left(\frac{1}{d_1},\frac{1}{d_2},\cdots,\frac{1}{d_{n-n_0+1}},\underbrace{0,\cdots,0}_{n_0}\right)\boldsymbol{V}^{\mathrm{T}}$$

因此

$$\left(\boldsymbol{D}^{\mathrm{T}}\boldsymbol{D}\right)^{+}\left(\boldsymbol{D}^{\mathrm{T}}\boldsymbol{D}\right)=\boldsymbol{V}\operatorname{diag}\left(\underbrace{1,\cdots,1}_{n-n_0+1},\underbrace{0,\cdots,0}_{n_0}\right)\boldsymbol{V}^{\mathrm{T}}$$

于是

$$\begin{aligned}\lim_{l\to\infty}\left(\boldsymbol{I}-\mu\boldsymbol{D}^{\mathrm{T}}\boldsymbol{D}\right)^{l}&=\boldsymbol{V}\operatorname{diag}\left(\underbrace{0,\cdots,0}_{n-n_0+1},\underbrace{1,\cdots,1}_{n_0}\right)\boldsymbol{V}^{\mathrm{T}}\\&=\boldsymbol{I}-\boldsymbol{V}\operatorname{diag}\left(\underbrace{1,\cdots1,}_{n-n_0+1},\underbrace{0,\cdots,0}_{n_0}\right)\boldsymbol{V}^{\mathrm{T}}\\&=\boldsymbol{I}-\boldsymbol{V}\boldsymbol{V}^{\mathrm{T}}\left(\boldsymbol{D}^{T}\boldsymbol{D}\right)^{+}\left(\boldsymbol{D}^{\mathrm{T}}\boldsymbol{D}\right)\boldsymbol{V}\boldsymbol{V}^{\mathrm{T}}\\&=\boldsymbol{I}-\left(\boldsymbol{D}^{\mathrm{T}}\boldsymbol{D}\right)^{+}\left(\boldsymbol{D}^{\mathrm{T}}\boldsymbol{D}\right)\end{aligned}$$

可得

$$\begin{aligned}&\boldsymbol{C}^{(\alpha+1)}-\left(\boldsymbol{D}^{\mathrm{T}}\boldsymbol{D}\right)^{+}\boldsymbol{D}^{\mathrm{T}}\boldsymbol{b}\\&=\left(\boldsymbol{I}-\mu\boldsymbol{D}^{\mathrm{T}}\boldsymbol{D}\right)\boldsymbol{C}^{(\alpha)}+\mu\boldsymbol{D}^{\mathrm{T}}\boldsymbol{b}-\left(\boldsymbol{D}^{\mathrm{T}}\boldsymbol{D}\right)^{+}\boldsymbol{D}^{\mathrm{T}}\boldsymbol{b}\\&=\left(\boldsymbol{I}-\mu\boldsymbol{D}^{\mathrm{T}}\boldsymbol{D}\right)\boldsymbol{C}^{(\alpha)}+\mu\left(\boldsymbol{D}^{\mathrm{T}}\boldsymbol{D}\right)\left(\boldsymbol{D}^{\mathrm{T}}\boldsymbol{D}\right)^{+}\boldsymbol{D}^{\mathrm{T}}\boldsymbol{b}-\left(\boldsymbol{D}^{\mathrm{T}}\boldsymbol{D}\right)^{+}\boldsymbol{D}^{\mathrm{T}}\boldsymbol{b}\\&=\left(\boldsymbol{I}-\mu\boldsymbol{D}^{\mathrm{T}}\boldsymbol{D}\right)\boldsymbol{C}^{(\alpha)}-\left(\boldsymbol{I}-\mu\boldsymbol{D}^{\mathrm{T}}\boldsymbol{D}\right)\left(\boldsymbol{D}^{\mathrm{T}}\boldsymbol{D}\right)^{+}\boldsymbol{D}^{\mathrm{T}}\boldsymbol{b}\\&=\left(\boldsymbol{I}-\mu\boldsymbol{D}^{\mathrm{T}}\boldsymbol{D}\right)\left(\boldsymbol{C}^{(\alpha)}-\left(\boldsymbol{D}^{\mathrm{T}}\boldsymbol{D}\right)^{+}\boldsymbol{D}^{\mathrm{T}}\boldsymbol{b}\right)\\&=\left(\boldsymbol{I}-\mu\boldsymbol{D}^{\mathrm{T}}\boldsymbol{D}\right)^{k+1}\left(\boldsymbol{C}^{(0)}-\left(\boldsymbol{D}^{\mathrm{T}}\boldsymbol{D}\right)^{+}\boldsymbol{D}^{\mathrm{T}}\boldsymbol{b}\right)\end{aligned}$$

以及

$$\begin{aligned}\boldsymbol{C}^{(\infty)}-\left(\boldsymbol{D}^{\mathrm{T}}\boldsymbol{D}\right)^{+}\boldsymbol{D}^{\mathrm{T}}\boldsymbol{b}&=\lim_{k\to\infty}\left(\boldsymbol{C}^{(k+1)}-\left(\boldsymbol{D}^{\mathrm{T}}\boldsymbol{D}\right)^{+}\boldsymbol{D}^{\mathrm{T}}\boldsymbol{b}\right)\\&=\lim_{k\to\infty}\left(\boldsymbol{I}-\mu\boldsymbol{D}^{\mathrm{T}}\boldsymbol{D}\right)^{k+1}\left(\boldsymbol{C}^{(0)}-\left(\boldsymbol{D}^{\mathrm{T}}\boldsymbol{D}\right)^{+}\boldsymbol{D}^{\mathrm{T}}\boldsymbol{b}\right)\\&=\left(\boldsymbol{I}-\left(\boldsymbol{D}^{\mathrm{T}}\boldsymbol{D}\right)^{+}\left(\boldsymbol{D}^{\mathrm{T}}\boldsymbol{D}\right)\right)\left(\boldsymbol{C}^{(0)}-\left(\boldsymbol{D}^{\mathrm{T}}\boldsymbol{D}\right)^{+}\boldsymbol{D}^{\mathrm{T}}\boldsymbol{b}\right)\end{aligned}$$

因此可以知道隐式曲线重构 PIA 方法的矩阵形式（式（5.13））收敛到

$$\boldsymbol{C}^{(\infty)}=\left(\boldsymbol{D}^{\mathrm{T}}\boldsymbol{D}\right)^{+}\boldsymbol{D}^{\mathrm{T}}\boldsymbol{b}+\left(\boldsymbol{I}-\left(\boldsymbol{D}^{\mathrm{T}}\boldsymbol{D}\right)^{+}\left(\boldsymbol{D}^{\mathrm{T}}\boldsymbol{D}\right)\right)\boldsymbol{C}^{(0)}$$

也是奇异线性方程组 $\boldsymbol{D}^{\mathrm{T}}\boldsymbol{D}\boldsymbol{X}=\boldsymbol{D}^{\mathrm{T}}\boldsymbol{b}$ 的解，当 $\boldsymbol{C}^{(0)}=\boldsymbol{0}$ 时，$\boldsymbol{C}^{(\infty)}$ 变为

$$\boldsymbol{C}^{(\infty)}=\left(\boldsymbol{D}^{\mathrm{T}}\boldsymbol{D}\right)^{+}\boldsymbol{D}^{\mathrm{T}}\boldsymbol{b}$$

也就是 $\boldsymbol{D}^{\mathrm{T}}\boldsymbol{D}\boldsymbol{X}=\boldsymbol{D}^{\mathrm{T}}\boldsymbol{b}$ 的所有解中欧几里得范数的最小解，也就是带约束的最小化问题：

$$\begin{aligned} &\min_{X} \| \boldsymbol{X} \| \\ \text{s.t.} \quad &\boldsymbol{D}^{\mathrm{T}} \boldsymbol{D} \boldsymbol{X} = \boldsymbol{D}^{\mathrm{T}} \boldsymbol{b} \end{aligned}$$

的解。证毕。

5.3　实验与比较

下面给出具体的封闭曲线实例（例 5.1～例 5.3，其图形见图 5.1～图 5.3）来比较 I-PIA 算法[20]（方法 1）和带法向约束的隐式 T 样条曲线重构算法[21]（方法 2）与本章提出的带法向约束的隐式曲线重构 PIA 算法的精度。用蓝色点（•）来表示图 5.1～图 5.3 中图（a）曲线的采样点，用红色箭头表示采样得到的法向 $\boldsymbol{n}_i$，用黑色箭头表示计算得到的法向量 $\nabla f\left(\boldsymbol{P}_i\right)$，分图（b）、（c）和（d）表示 $\nabla f\left(\boldsymbol{P}_i\right)$ 与 $\boldsymbol{n}_i$ 的比较。数据点的最大误差计算式为

$$\varDelta_P = \max\left(\boldsymbol{\delta}_1\right)$$

法向量的误差计算式为

$$\varDelta_{n_i} = \arccos\left(\frac{\nabla f\left(\boldsymbol{P}_i\right) \cdot \boldsymbol{n}_i}{\left\|\nabla f\left(\boldsymbol{P}_i\right)\right\|}\right)$$

对比图 5.1～图 5.3 可以发现，方法 1 与方法 2 对应的分图（b）和（c）中红色箭头与黑色箭头均有偏差，且在凹凸处偏差明显，而在分图（d）可以看到本章方法中黑色箭头与红色箭头基本重合。虽然三种方法都重构出了隐式曲线，但是方法 1 和方法 2 在一些曲率变化较大的地方会有较大的法向偏差，如曲线的凹凸处。

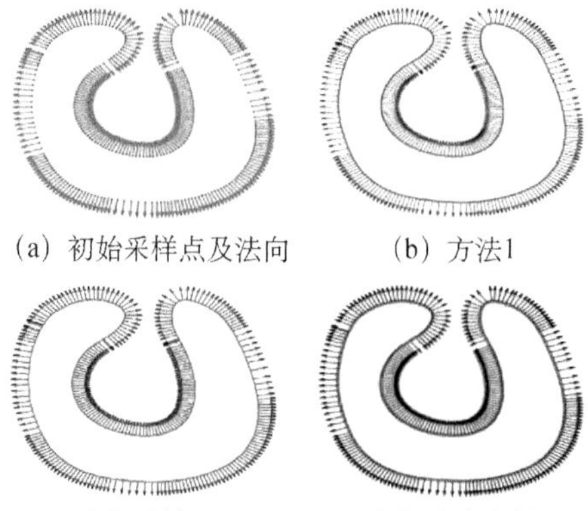

(a) 初始采样点及法向　(b) 方法1

(c) 方法2　(d) 本章方法

图 5.1　例 5.1 曲线模型拟合（见彩图）

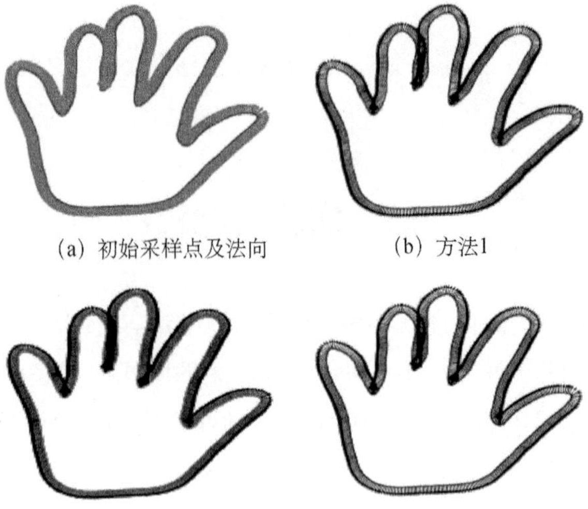

(a) 初始采样点及法向　(b) 方法1

(c) 方法2　(d) 本章方法

图 5.2　例 5.2 曲线模型拟合（见彩图）

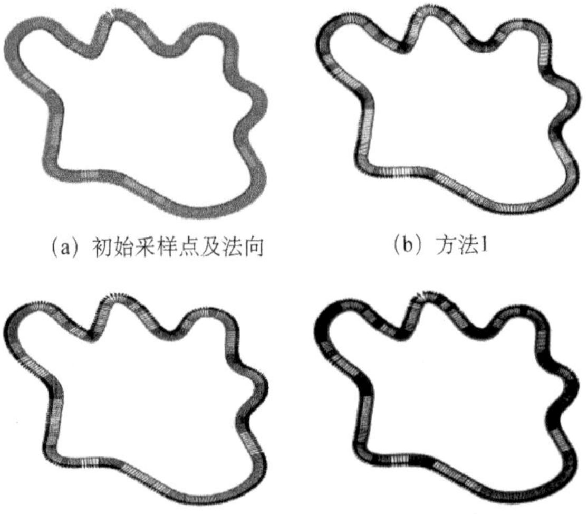

(a) 初始采样点及法向　(b) 方法1

(c) 方法2　(d) 本章方法

图 5.3　例 5.3 曲线模型拟合（见彩图）

接下来进行精度比较，比较结果如表 5.1～表 5.3 所示。从中可以看出，根据数据点的平均误差和最大误差比较分析，本章方法误差最小，其次为方法 1 和方法 2。另外，根据法向的平均误差和最大误差比较分析，本章方法误差大部分最小，其次为方法 2 和方法 1。

表 5.1　例 5.1 曲线的数据点误差和法向误差比较

方法	数据点误差		法向误差	
	平均误差	最大误差	平均误差	最大误差
方法 1	4.03×10^{-9}	2.40×10^{-4}	1.85×10^{-4}	2.6×10^{-3}
方法 2	4.24×10^{-5}	2.85×10^{-4}	1.57×10^{-4}	4.13×10^{-3}
本章方法	1.04×10^{-9}	2.25×10^{-5}	5.20×10^{-5}	7.40×10^{-4}

表 5.2　例 5.2 曲线的数据点误差和法向误差比较

方法	数据点误差		法向误差	
	平均误差	最大误差	平均误差	最大误差
方法 1	2.32×10^{-9}	1.74×10^{-4}	2.9×10^{-3}	5.81×10^{-2}
方法 2	7.26×10^{-5}	7.70×10^{-4}	5.69×10^{-4}	5.33×10^{-3}
本章方法	2.14×10^{-9}	8.06×10^{-5}	4.63×10^{-4}	5.9×10^{-3}

表 5.3　例 5.3 曲线的数据点误差和法向误差比较

方法	数据点误差		法向误差	
	平均误差	最大误差	平均误差	最大误差
方法 1	8.47×10^{-9}	2.11×10^{-4}	3.2×10^{-3}	4.10×10^{-2}
方法 2	6.48×10^{-4}	7.91×10^{-3}	4.72×10^{-4}	4.76×10^{-3}
本章方法	2.46×10^{-9}	7.59×10^{-5}	4.21×10^{-5}	1.71×10^{-3}

表 5.4 给出了以例 5.1 曲线为例，方法 1 与本章方法在迭代相同次数时的数据点误差和法向误差比较，从表中可以看出本章方法的数据点误差和法向误差均在迭代 15 次之后约为方法 1 的 1/10。由此可见，本章方法在收敛速度和精度上都优于方法 1。

表 5.4　迭代相同次数时方法 1 与本章方法的误差比较

迭代次数	方法 1		本章方法	
	数据点误差	法向误差	数据点误差	法向误差
1	2.52×10^{-1}	4.12×10^{-1}	2.54×10^{-1}	4.16×10^{-1}
5	1.51×10^{-2}	2.57×10^{-1}	1.57×10^{-2}	2.09×10^{-1}
10	7.84×10^{-4}	1.43×10^{-1}	5.25×10^{-4}	1.34×10^{-1}
15	3.32×10^{-4}	1.01×10^{-1}	4.5×10^{-5}	9.81×10^{-2}
20	2.95×10^{-4}	6.69×10^{-2}	3.7×10^{-5}	3.20×10^{-2}
30	2.35×10^{-4}	2.40×10^{-2}	2.5×10^{-5}	8.44×10^{-3}
40	2.42×10^{-4}	2.26×10^{-3}	2.2×10^{-5}	7.4×10^{-4}

表 5.5 给出了三种方法对本章三例曲线重建的时间对比，从中可以看出，方法 1 和本章方法在时间上耗时差距不大，但都明显优于方法 2。这是因为方法 2 需要求解方程组，当数据点集的规模较大时，解线性方程组需要耗费较多的运算时间，而本章方法可以避免求解线性方程组，因此在运算时间上更省时。

表 5.5　三例曲线重建的运算时间比较

模型	数据点数	运行时间/s		
		方法 1	方法 2	本章方法
例 5.1	277	0.34	2.36	0.34
例 5.2	980	0.36	8.61	0.33
例 5.3	593	0.37	5.08	0.36

在图 5.4（a）中，展示了曲线的原始数据点集。在图 5.4（c）中的数据点是将原始数据点集删除 25%的点得到的。另外，图 5.4（e）的数据点是内外部各添加两组偏移点列得到的。实例表明用本章方法重建曲线的效果与偏移数据点上的函数值不敏感，且在非均匀采样的情况下，仍能重建出理想的 B 样条隐式曲线如图 5.4（b）、（d）和（f）所示，因而重建效果是鲁棒的。

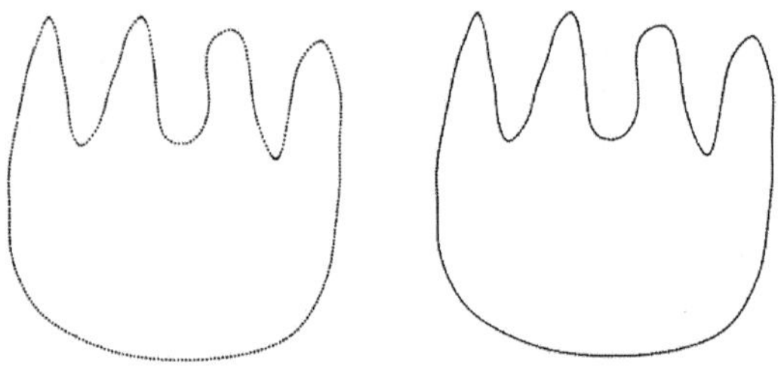

（a）原始点云　　（b）从图(a)重建的点云

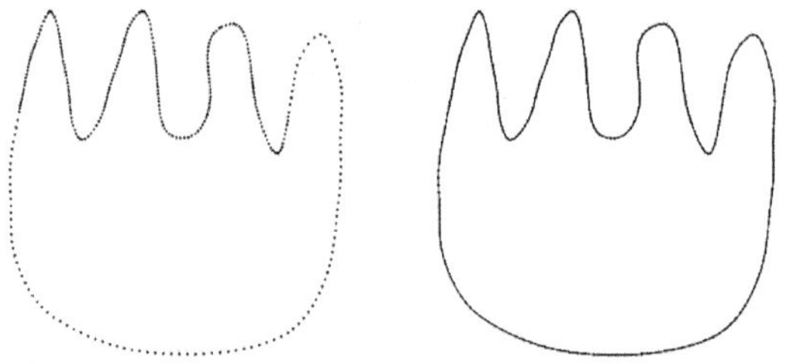

（c）25%的数据点被删除　　（d）从图(c)重建的点云

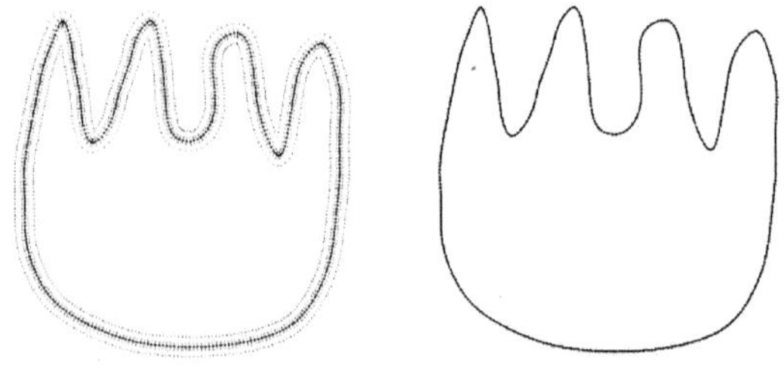

（e）四条偏移点列　　（f）从图(e)重建的点云

图 5.4　本章方法的鲁棒性

5.4 本章小结

本章针对带有法向约束的离散数据点集提出了一种有效的隐式曲线PIA算法，较好地实现了三个封闭曲线实例的重构。实验结果表明，本章方法成功消除了额外零水平集，提高了重构曲线的质量。同时通过在模型中加入法向项约束，重构的曲线会在逼近数据点的同时满足数据点处的法向约束。并且通过比较可以发现，本章提出的方法在数据点误差精度和法向误差精度上有了显著的提高，在将本章方法拓展至曲面时，由于有法向约束的条件，可以满足光学曲面设计需要点法插值的需求。

总之，实验数据和重构的效果图显示，本章方法较好地解决了带法向约束的隐式曲线重构的问题。但仍有不足之处，若在曲线曲率变化较大的位置，数据点较稀疏，则无法较好地约束法向误差，还需要做进一步改进。

参考文献

[1] Marola G. A technique for finding the symmetry axes of implicit polynomial curves under perspective projection. IEEE Transactions on Pattern Analysis and Machine Intelligence, 2005, 27(3): 465-470.

[2] Pottmann H, Leopoldseder S. A concept for parametric surface fitting which avoids the parametrization problem. Computer Aided Geometric Design, 2003, 20(6): 343-362.

[3] Huang Q X, Adams B, Wand M. Bayesian surface reconstruction via iterative scan alignment to an optimized prototype. Proceedings of the 5th Eurographics Symposium on Geometry Processing, Barcelona, 2007: 213-223.

[4] Rouhani M, Sappa A D. The richer representation the better registration. IEEE Transactions on Image Processing, 2013, 22(12): 5036-5049.

[5] Mokhtarian F. A theory of multi-scale, curvature and torsion based shape representation for planar and space curves. IEEE Transactions on Pattern Analysis and Machine Intelligence,

1992, 14(8): 789-805.

[6] Oden C, Ercil A, Buke B. Combining implicit polynomials and geometric features for hand recognition. Pattern Recognition Letters, 2003, 24(13): 2145-2152.

[7] Zheng B, Takamatsu J, Ikeuchi K. 3d model segmentation and representation with implicit polynomials. IEICE Transactions on Information and Systems, 2008, 91(4): 1149-1158.

[8] Turk G, James F O. Shape transformation using variational implicit functions. Proceedings of the 26th Annual Conference on Computer Graphics and Interactive Techniques, Los Angeles, 1999: 335-342.

[9] Jüttler B, Felis A. Least-squares fitting of algebraic spline surfaces. Advances in Computational Mathematics, 2002, 17(1-2): 135-152.

[10] Yang Z W, Deng J S, Chen F F. Fitting unorganized point clouds with active implicit B-spline curves. The Visual Computer, 2005, 21(8-10): 831-839.

[11] Huang Z Y, Carr N, Ju T. Variational implicit point set surfaces. ACM Transactions on Graphics, 2019, 38(4): 1-13.

[12] Wang J, Yang Z W, Jin L B, et al. Parallel and adaptive surface reconstruction based on implicit PHT-splines. Computer Aided Geometric Design, 2011, 28(8): 463-474.

[13] Pan M, Tong W, Chen F. Compact implicit surface reconstruction via low-rank tensor approximation. Computer-Aided Design, 2016, 78(9): 158-167.

[14] Sederberg T W, Zheng J M, Bakenov A, et al. T-splines and T-NURCCs. ACM Transactions on Graphics, 2003, 22(3): 477-484.

[15] Sederberg T W, Cardon D L, Finnigan G T, et al. T-spline simplification and local refinement. ACM Transactions on Graphics, 2004, 23(3): 276-283.

[16] 童伟华, 冯玉瑜, 陈发来. 基于隐式 T 样条的曲面重构算法. 计算机辅助设计与图形学学报, 2006(3): 358-365.

[17] 唐月红, 李秀娟, 程泽铭, 等. 隐式 T 样条实现封闭曲面重构. 计算机辅助设计与图形学学报, 2011, 23(2): 270-275.

[18] 彭小新, 唐月红. 自适应 T 样条曲面重构. 中国图象图形学报, 2010, 15(12): 1818-1825.

[19] Lin H W, Zhang Z Y. An efficient method for fitting large data sets using T-splines. SIAM Journal on Scientific Computing, 2013, 35(6): A3052-A3068.

[20] Hamza Y F, Lin H W, Li Z H. Implicit progressive-iterative approximation for curve and surface reconstruction. Computer Aided Geometric Design, 2020, 77(3): 101817.1-101817.15.

[21] 任浩杰, 寿华好, 莫佳慧, 等. 带法向约束的隐式 T 样条曲线重构. 中国图象图形学报, 2022, 27(4): 1314-1321.

[22] 季康松, 寿华好, 刘艳. 带法向约束的隐式 B 样条曲线重构 PIA 方法. 计算机辅助设计与图形学学报, 2023, 35(5): 719-725.

第6章　带法向约束的隐式曲面重构PIA算法

第 5 章我们研究了带法向约束的隐式曲线重构 PIA 方法，利用离散数据点的法向这一几何特征，使得构建出的曲线具有更光顺的效果。相应的对于隐式 B 样条曲面，曲面重建的效果也与法向、曲率等几何特征密切相关。为此，本章在第 5 章的基础上，将法向这一几何特征应用于隐式曲面重构的 PIA 方法中，使得生成的曲面有更好的拟合效果[1]。

6.1　隐式曲面重构算法描述

6.1.1　隐式曲面方程

本节首先给出隐式曲线重构的问题描述。

通过给定一组无序 3 维平面点云集合：

$$\left\{\boldsymbol{P}_i=\left(x_i, y_i, z_i\right), i=1,2,\cdots,n\right\} \tag{6.1}$$

以及这些点上对应的单位法向量 $\left\{\boldsymbol{n}_i, i=1,2,\cdots,n\right\}$，要求找到一个函数 $f(x,y,z)$，使得其零等值线 $f(x,y,z)=0$ 能够拟合这组点集（式（6.1））。

为了方便计算，我们取函数 $f(x,y,z)$ 为 B 样条函数，其表达式为

$$f(x,y,z)=\sum_{i=1}^{N}\sum_{j=1}^{M}\sum_{w=1}^{W} C_{i,j,w} B_{i,j,w}(x,y,z) \tag{6.2}$$

其中，$C_{i,j,w}$ 是控制系数；$B_{i,j,w}(x,y,z)=B_i(x)B_j(y)B_w(z)$，$B_i(x), B_j(y)$ 和 $B_w(z)$ 是定义在均匀节点矢量上的三次 B 样条基函数。通过拟合这组点集得到的曲面方程为

$$\omega_f = \left\{(x,y,z)\in \Omega \subseteq \mathbf{R}^3 : f(x,y,z)=0\right\} \tag{6.3}$$

通常情况下，隐式曲面的重构问题是通过求解最小化问题得到的，即求解以下方程。

$$\min E(\boldsymbol{C}) = \sum_{i=1}^{n} f^2\left(\boldsymbol{P}_i\right) \tag{6.4}$$

其中，$\boldsymbol{C} = \left[C_{1,1,1}, C_{1,1,2}, \cdots, C_{1,1,W}, \cdots, C_{1,M,W}, \cdots, C_{N,M,W}\right]^{\mathrm{T}}$ 是控制系数。

6.1.2 带法向约束的隐式曲面重构算法

对于方程（6.4），由于未知量的个数通常是大于数据点的个数，所以重构结果中会出现零等值集合。为了避免存在平凡解 $f=0$，在数据点集中加入一些额外的偏移点作为辅助点 $\left\{\boldsymbol{P}_l = \left(x_l, y_l, z_l\right), l = n+1, n+2, \cdots, 2n\right\}$，它们沿着每个点处的单位法向量 $\boldsymbol{n}_i$ 偏离一个有向距离 $d(d\neq 0)$，即

$$\boldsymbol{P}_l = \boldsymbol{P}_i + d\boldsymbol{n}_i,\quad l = n+i,\quad i = 1,2,\cdots,n \tag{6.5}$$

并设此时隐函数在偏移点处的方程为

$$f\left(x_l, y_l, z_l\right) = d,\quad l = n+1, n+2, \cdots, n \tag{6.6}$$

现在需要找到一张隐式曲面 $f(x,y,z)=0$ 去逼近给定的点集且满足相应的法向约束条件，即

$$f(x_i, y_i, z_i) = 0 \text{ 且 } \nabla f\left(x_i, y_i, z_i\right) = \boldsymbol{n}_i (i = 1,2,\cdots,n)$$

令 $\boldsymbol{v}_i$ 表示曲线在 $\boldsymbol{P}_i$ 处切平面上，以点 $\boldsymbol{P}_i$ 为起点的单位切向量，则

$$\boldsymbol{v}_i \cdot \boldsymbol{n}_i = 0,\quad i = 1,2,\cdots,n \tag{6.7}$$

由此可以得到 n 个单位切向量 $\boldsymbol{v}_i$ 的值，于是问题转化为要求函数 f 满足：

$$\begin{cases} f\left(x_i, y_i, z_i\right) = 0, & i = 1,2,\cdots,n \\ f\left(x_i, y_i, z_i\right) = d, & i = n+1, n+2, \cdots, 2n \\ g\left(x_i, y_i, z_i\right) = \nabla f\left(x_i, y_i, z_i\right)\boldsymbol{v}_i = 0, & i = 1,2,\cdots,n \end{cases} \tag{6.8}$$

6.2 隐式曲面的渐进迭代逼近

定义初始的曲面方程为

$$f^{(0)}(x,y,z)=\sum_{i=1}^{N}\sum_{j=1}^{M}\sum_{w=1}^{W}C_{i,j,w}^{(0)}B_{i,j,w}(x,y,z) \tag{6.9}$$

并设 $\boldsymbol{C}^{(a)}=\left[C_{1,1,1}^{(a)},C_{1,1,2}^{(a)},\cdots,C_{1,1,W}^{(a)},\cdots,C_{1,M,W}^{(a)},\cdots,C_{N,M,W}^{(a)}\right]^{\mathrm{T}}$，则对于每一个点 $\boldsymbol{P}_k$，有

$$\begin{aligned}f^{(0)}(x,y,z)&=\sum_{i=1}^{N}\sum_{j=1}^{M}\sum_{w=1}^{W}C_{i,j,w}^{(0)}B_{i,j,w}(x,y,z)\\&=\left[B_{1,1,1}(x_k,y_k,z_k),\cdots,B_{N,M,W}(x_k,y_k,z_k)\right]\begin{bmatrix}C_{1,1,1}^{(0)}\\\cdots\\C_{N,M,W}^{(0)}\end{bmatrix}\end{aligned}$$

则在数据点集 $\{\boldsymbol{P}_k=(x_k,y_k,z_k),k=1,2,\cdots,n\}$ 上，可得

$$\left[f^{(0)}(x_1,y_1,z_1),\cdots,f^{(0)}(x_2,y_2,z_2),\cdots,f^{(0)}(x_k,y_k,z_k)\right]^{\mathrm{T}}=\boldsymbol{BC}^{(0)}$$

其中

$$\boldsymbol{B}=\begin{bmatrix}B_{1,1,1}(x_1,y_1,z_1),\cdots,B_{1,M,W}(x_1,y_1,z_1),\cdots,B_{N,M,W}(x_1,y_1,z_1)\\B_{1,1,1}(x_2,y_2,z_2),\cdots,B_{1,M,W}(x_2,y_2,z_2),\cdots,B_{N,M,W}(x_2,y_2,z_2)\\\cdots\\B_{1,1,1}(x_n,y_n,z_n),\cdots,B_{1,M,W}(x_n,y_n,z_n),\cdots,B_{N,M,W}(x_n,y_n,z_n)\end{bmatrix}$$

取初始控制系数值为 $\boldsymbol{C}^{(0)}=\boldsymbol{0}$。令 $\delta_k^{(0)}(k=1,2,\cdots,n)$ 为数据点对应的差值，其中

$$\begin{aligned}\delta_k^{(0)}&=0-f^{(0)}(x_k,y_k,z_k),\quad k=1,2,\cdots,n\\\delta_l^{(0)}&=d-f^{(0)}(x_l,y_l,z_l),\quad l=n+1,n+2,\cdots,2n\end{aligned}$$

将 $\varDelta_{i,j,w}^{(0)}$ 记为对应控制系数的差值，即

$$\varDelta_{i,j,w}^{(0)}=\sum_{k=1}^{n}B_{i,j,w}(x_k,y_k,z_k)\delta_k^{(0)} \tag{6.10}$$

记 $\boldsymbol{\delta}_1^{(0)}$ 和 $\boldsymbol{\varDelta}_1^{(0)}$ 为由 $\delta_k^{(0)}$ 和 $\varDelta_{i,j,w}^{(0)}$ 组成的列向量，即

$$\begin{aligned}\boldsymbol{\delta}_1^{(0)}&=\left[\delta_1^{(0)},\delta_2^{(0)},\cdots,\delta_n^{(0)}\right]^{\mathrm{T}}\\\boldsymbol{\varDelta}_1^{(0)}&=\left[\varDelta_{1,1,1}^{(0)},\varDelta_{1,1,2}^{(0)},\cdots,\varDelta_{N,M,W}^{(0)}\right]^{\mathrm{T}}\end{aligned}$$

可得 $\boldsymbol{\varDelta}_1^{(0)}=\boldsymbol{B}^{\mathrm{T}}\boldsymbol{\delta}_1^{(0)}$。

同理，对于偏移点处的方程 $f(x_i,y_i,z_i)=d(i=n+1,n+2,\cdots,2n)$，同样有

$$\boldsymbol{\varDelta}_2^{(0)}=\boldsymbol{B}_1^{\mathrm{T}}\boldsymbol{\delta}_2^{(0)}$$

其中，$\boldsymbol{\delta}_2^{(0)}$ 为由 $\delta_l^{(0)}(l=n+1,\cdots,2n)$ 组成的列向量，$\boldsymbol{B}_1$ 为偏移点对应的 B 样条

基函数矩阵。

对于法向的差值，根据式（6.8）中 $\nabla f\left(x_i, y_i, z_i\right)\boldsymbol{v}_i = 0$，可得

$$\begin{aligned}
g\left(\boldsymbol{P}_k\right) &= \nabla f\left(\boldsymbol{P}_k\right)\boldsymbol{v}_k \\
&= \sum_{i=1}^{N}\sum_{j=1}^{M}\sum_{w=1}^{W} C_{i,j,w}\left(\frac{\mathrm{d}B_i\left(x_k\right)}{\mathrm{d}x}B_j\left(y_k\right)B_w(z_k)v_{kx} + B_i\left(x_k\right)\frac{\mathrm{d}B_j\left(y_k\right)}{\mathrm{d}y}B_w\left(z_k\right)v_{ky}\right. \\
&\quad \left. + B_i\left(x_k\right)B_j(y_k)\frac{\mathrm{d}B_w\left(z_k\right)}{\mathrm{d}z}v_{kz}\right) \\
&= \sum_{i=1}^{N}\sum_{j=1}^{M}\sum_{w=1}^{W} C_{i,j,w}A_{i,j,w}\left(x_k, y_k, z_k\right)
\end{aligned}$$

其中，v_{kx}, v_{ky}, v_{kz} 是向量 $\boldsymbol{v}_k$ 的 3 个分量。同样，令 $\delta_h^{(0)}(h = 1, 2, \cdots, n)$ 为法向对应的差值，则有

$$\delta_h^{(0)} = 0 - g^{(0)}\left(x_h, y_h, z_h\right), \quad h = 1, 2, \cdots, n$$

通过前面的推导可得

$$\boldsymbol{\Delta}_3^{(0)} = \boldsymbol{A}^{\mathrm{T}}\boldsymbol{\delta}_3^{(0)}$$

其中，$\boldsymbol{A}$ 为由 $A_{i,j,w}\left(x_k, y_k, z_k\right)$ 组成的矩阵，$\boldsymbol{\delta}_3^{(0)}$ 和 $\boldsymbol{\Delta}_3^{(0)}$ 为由 $\delta_h^{(0)}$ 和对应控制系数的差值组成的列向量。

设 $\boldsymbol{\Delta}^{(0)} = \boldsymbol{\Delta}_1^{(0)} + \boldsymbol{\Delta}_2^{(0)} + \boldsymbol{\Delta}_3^{(0)}$，则有

$$\boldsymbol{\Delta}^{(0)} = \boldsymbol{D}^{\mathrm{T}}\boldsymbol{\delta}^{(0)} \tag{6.11}$$

其中，$\boldsymbol{D} = \begin{bmatrix}\boldsymbol{B} \\ \boldsymbol{B}_1 \\ \boldsymbol{A}\end{bmatrix}$，$\boldsymbol{\delta}^{(0)} = \left[\boldsymbol{\delta}_1^{(0)\mathrm{T}}, \boldsymbol{\delta}_2^{(0)\mathrm{T}}, \boldsymbol{\delta}_3^{(0)\mathrm{T}}\right]^{\mathrm{T}}$，由此可以得到新的控制系数，这样就生成了一张新的隐式曲面：

$$f^{(1)}(x, y, z) = \sum_{i=1}^{N}\sum_{j=1}^{M}\sum_{w=1}^{W} C_{i,j,w}^{(1)}B_{i,j,w}(x, y, z) \tag{6.12}$$

类似地，第 $\alpha+1$ 张隐式曲面的生成过程为

$$\begin{aligned}
&\delta_k^{(\alpha)} = 0 - f^{(\alpha)}\left(x_k, y_k, z_k\right), \quad k = 1, 2, \cdots, n \\
&\delta_l^{(\alpha)} = d - f^{(\alpha)}\left(x_l, y_l, z_l\right), \quad l = n+1, n+2, \cdots, 2n \\
&\delta_h^{(\alpha)} = 0 - g^{(0)}\left(x_h, y_h, z_h\right), \quad h = 1, 2, \cdots, n \\
&\boldsymbol{\delta}^{(\alpha)} = \left[\boldsymbol{\delta}_1^{(\alpha)\mathrm{T}}, \boldsymbol{\delta}_2^{(\alpha)\mathrm{T}}, \boldsymbol{\delta}_3^{(\alpha)\mathrm{T}}\right]^{\mathrm{T}}
\end{aligned}$$

$$\boldsymbol{\Delta}^{(\alpha)} = \boldsymbol{D}^{\mathrm{T}} \boldsymbol{\delta}^{(\alpha)}$$
$$\boldsymbol{C}^{(\alpha+1)} = \boldsymbol{C}^{(\alpha)} + \mu \boldsymbol{\Delta}^{(\alpha)}$$

并且，令

$$\boldsymbol{b} = [b_1, b_2, \cdots, b_{3n}]^{\mathrm{T}} = \Big[\underbrace{0,0,\cdots,0}_{n}, \underbrace{d,d,\cdots,d}_{n}, \underbrace{0,0,\cdots,0}_{n}\Big]^{\mathrm{T}}$$

于是，带法向约束的隐式曲线重构 PIA 方法用矩阵的形式可以表示为

$$\boldsymbol{C}^{(\alpha+1)} = \boldsymbol{C}^{(\alpha)} + \mu \boldsymbol{D}^{\mathrm{T}}\left(\boldsymbol{b} - \boldsymbol{D}\boldsymbol{C}^{(\alpha)}\right) = \left(\boldsymbol{I} - \mu \boldsymbol{D}^{\mathrm{T}}\boldsymbol{D}\right)\boldsymbol{C}^{(\alpha)} + \mu \boldsymbol{D}^{\mathrm{T}}\boldsymbol{b} \tag{6.13}$$

为保证收敛性，式（6.13）中权因子 μ 需要满足：

$$0 < \mu < \frac{2}{\lambda_{\max}\left(\boldsymbol{D}^{\mathrm{T}}\boldsymbol{D}\right)}$$

其中，$\lambda_{\max}\left(\boldsymbol{D}^{\mathrm{T}}\boldsymbol{D}\right)$ 是矩阵 $\boldsymbol{D}^{\mathrm{T}}\boldsymbol{D}$ 的最大特征值。为加快收敛速度，可以取权因子 μ 为

$$\mu = \frac{2}{C}$$

其中，$C = \left\|\boldsymbol{D}^{\mathrm{T}}\boldsymbol{D}\right\|_{\infty}$。

关于（6.13）的收敛性证明与 6.2 节类似。

6.3 实验与比较

本章通过 Bunny 模型（图 6.1）、Horse 模型（图 6.2）、Fandisk 模型（图 6.3）和 Hand 模型（图 6.4）四个具体曲面实例来展示本章方法的有效性。在相同条件下与未进行法向约束的隐式曲线曲面重构 I-PIA 方法进行比较。其中数据点的最大误差计算式为

$$\Delta_p = \max\left(\boldsymbol{\delta}_1\right)$$

法向量的误差计算式为

$$\Delta_{n_i} = \arccos\left(\frac{\nabla f\left(\boldsymbol{P}_i\right) \cdot \boldsymbol{n}_i}{\left\|\nabla f\left(\boldsymbol{P}_i\right)\right\|_2}\right)$$

（a）初始采样点　　　（b）重构的曲面

图 6.1　Bunny 模型拟合

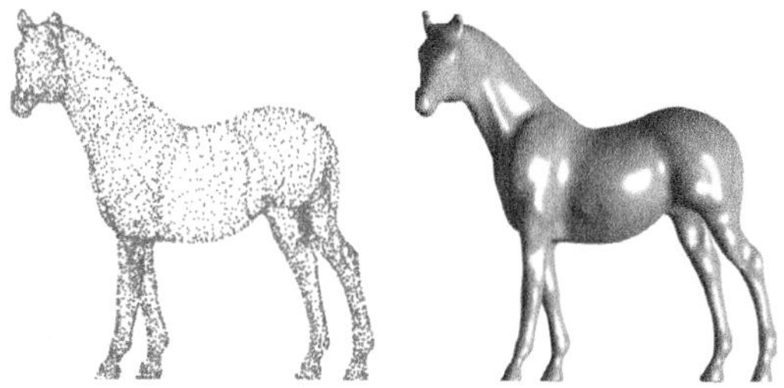

（a）初始采样点　　　（b）重构的曲面

图 6.2　Horse 模型拟合

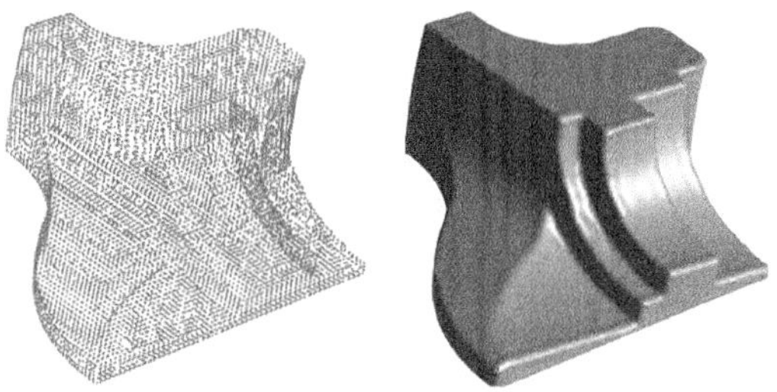

（a）初始采样点　　　（b）重构的曲面

图 6.3　Fandisk 模型拟合

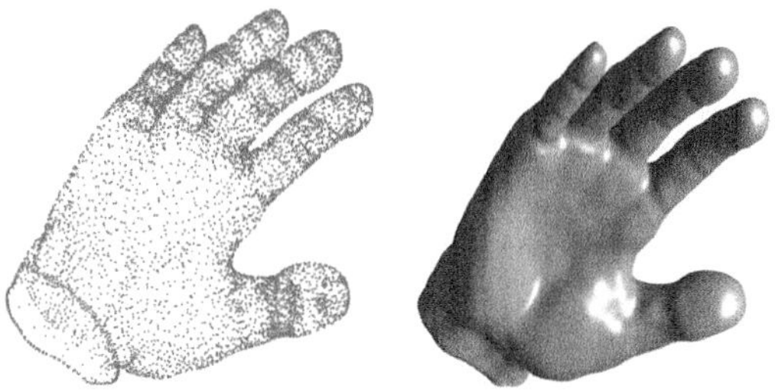

（a）初始采样点　　　（b）重构的曲面

图 6.4　Hand 模型拟合

从图 6.1～图 6.4 可以发现，重建的光顺曲面具有较好的逼近效果，且通过表 6.1～表 6.4 可以发现，与 I-PIA 方法相比，随着迭代次数的增加，数据点最大误差逐渐减小，且始终优于 I-PIA 方法。另外，通过表 6.5 进行对比法向最大误差可以发现，由于本章方法对法向这一几何特征进行约束，使得法向误差的结果优于 I-PIA 方法约 10 倍。

表 6.1　Bunny 模型拟合中 I-PIA 方法与本章方法逼近误差分析比较

迭代次数	10	30	60	100
I-PIA 方法	1.183×10^{-3}	1.266×10^{-4}	1.058×10^{-4}	9.423×10^{-5}
本章方法	1.122×10^{-4}	1.211×10^{-4}	1.046×10^{-4}	9.382×10^{-5}

表 6.2　Horse 模型拟合中 I-PIA 方法与本章方法逼近误差分析比较

迭代次数	10	30	60	100
I-PIA 方法	1.247×10^{-3}	6.393×10^{-4}	2.660×10^{-4}	1.225×10^{-4}
本章方法	1.101×10^{-3}	3.540×10^{-4}	1.623×10^{-4}	1.022×10^{-4}

表 6.3　Fandisk 模型拟合中 I-PIA 方法与本章方法逼近误差分析比较

迭代次数	10	30	60	100
I-PIA 方法	8.503×10^{-4}	1.859×10^{-4}	1502×10^{-4}	1.090×10^{-4}
本章方法	8.482×10^{-4}	1.856×10^{-4}	1.497×10^{-4}	1.072×10^{-4}

表 6.4　Hand 模型拟合中 I-PIA 方法与本章方法逼近误差分析比较

迭代次数	10	30	60	100
I-PIA 方法	1.730×10^{-3}	6.643×10^{-4}	2.330×10^{-4}	1.940×10^{-4}
本章方法	1.551×10^{-3}	4.399×10^{-4}	1.971×10^{-4}	1.469×10^{-4}

表 6.5　四个实例的数据点及法向最大误差分析比较

模型	数据点数	数据点最大误差		法向最大误差	
		I-PIA 方法	本章方法	I-PIA 方法	本章方法
Bunny	4052	9.423×10^{-5}	9.382×10^{-5}	2.056×10^{-3}	3.164×10^{-4}
Horse	4850	1.225×10^{-4}	1.022×10^{-4}	2.181×10^{-3}	1.428×10^{-4}
Fandisk	9445	1.090×10^{-4}	1.072×10^{-4}	1.512×10^{-3}	2.448×10^{-4}
Hand	6686	1.940×10^{-4}	1.469×10^{-4}	1.542×10^{-3}	2.395×10^{-4}

在图 6.5（a）中，展示了曲面的原始数据点集。在图 6.5（c）中的数据点是将原始点集删除 50%的点得到的。另外，图 6.5（e）的数据点是对点云进行加噪得到的。对于非均匀采样和加噪的数据点，本章方法都能重建出理想的 B 样条隐式曲面如图 6.5（b）、（d）和（f）所示，因而重建效果是鲁棒的。

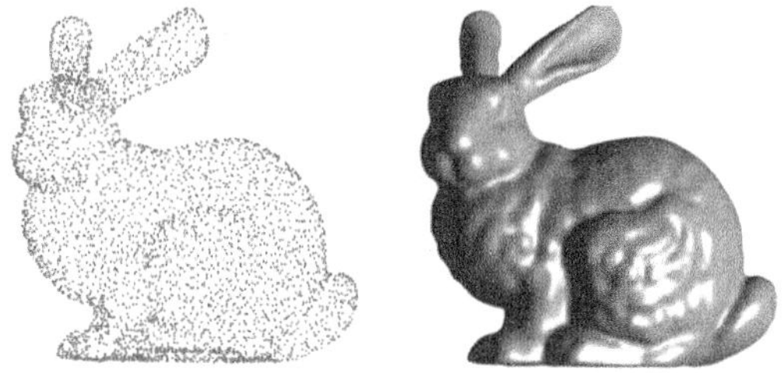

（a）原始点云　　（b）从图(a)重建的点云

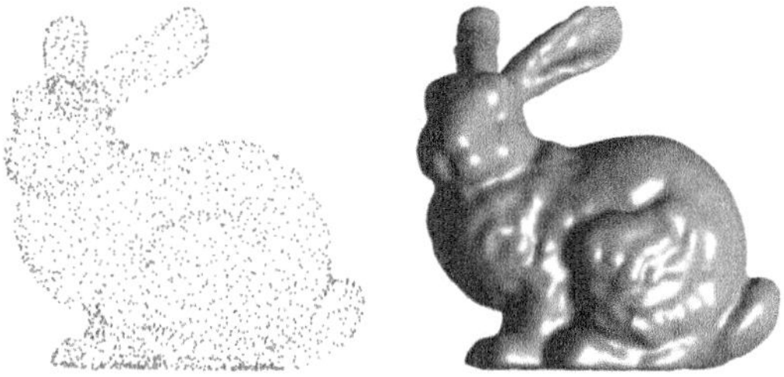

（c）50%的数据点被删除　　（d）从图(c)重建的点云

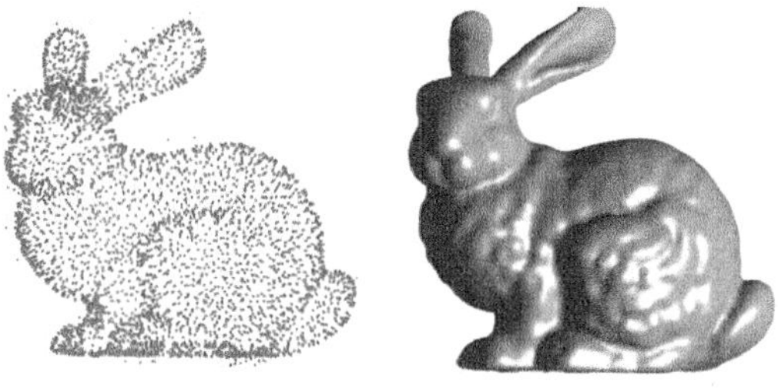

（e）添加噪声　　（f）从图(e)重建的点云

图 6.5　从不均匀采样和噪声中重建曲面

6.4　本章小结

本章针对带有法向约束的离散数据点集提出了一种有效的隐式曲面 PIA

算法，该方法将曲面形状的重建与离散无序数据点的法向、切向等几何特征较好地结合，利用了增加法向约束这一条件，提高了重建曲面的光顺性。由于无须考虑数据点参数化的问题，相比于 PIA 方法更适合散乱点云的三维拟合，并且通过与仅考虑数据点误差的 I-PIA 方法相比较，本章方法重建的曲面在每一步迭代时都加入法向约束，因此具有更小的数据点误差和法向误差，以及更快的收敛速度和更高的收敛精度。此外，本章算法具有计算简便、易于并行的特点。但是通过实验发现，随着网格密度的增大，收敛速度仍有待提高，因此构造更快的、具有明显几何意义的加速方法是需要进一步改进的方向。

参 考 文 献

[1] 季康松. 带法向约束的隐式曲线曲面重构PIA方法. 杭州: 浙江工业大学, 2022.

第7章 点法约束下的HRBF曲面插值算法

自由曲面光学是应用光学领域的一个研究热点，其核心是几何光学定律约束下构造自由光学曲面，是一个求解过程依赖微分几何的基础性问题[1]。自由曲面光学器件具有自由度高、结构紧凑和光学性能出色等优点[2,3]，并在增强现实抬头显示系统（AR-HUD）[4]、车用大灯[5]和机器视觉[6]等领域得到了广泛的应用。自由曲面设计在非成像光学中大致分为三类：优化法、代数法和几何法。优化法是将自由曲面由优化变量表征，通过不断调整优化变量，使评价函数值达到所需评价标准，进而满足所需照明设计要求。代数法主要是以 Snell 定律和能量守恒定律为中心思想，构建光源与目标面之间的映射关系，通过求解微分方程得到自由曲面，如常微分方程（ordinary differential equation，ODE）[6]、同步多表面设计方法[7]、剪裁法[8]以及求解蒙日-安培方程（Monge-Ampere equation，MA）[9,10]等。几何法是利用二次曲面的光学特性和能量映射关系求解，通常需要将一个光学表面用一组二次子面来离散化，并用该组子面的包络面来表示，如 Oliker 提出的支撑二次曲面法（supporting quadratic method，SQM）[11]。SQM 按几何面的不同可以分为支撑椭球面法（supporting ellipsoid method，SEM）、支撑抛物面法（supporting paraboloid method，SPM）和支撑卵形线法（supporting oval method，SOM）三种类型。另外，也有将以上方法组合应用的，如 Ma 等用 SQM+MA 方程获得一种不受辐照度分布边界限制的混合自由曲面设计方法[12]。但这些参数化方法在求交计算上较为复杂，引入点法约束条件和光线追迹时计算会相对困难，而隐式曲面对此具有一定的优势。

隐式曲面具有简单而灵活的表达形式和便于求交、求和等几何运算等优点，已被广泛应用于三维设计和光线追踪等领域[13-17]。由于径向基函数（radial basis function，RBF）具有处理非均匀分布点数据的能力，成为云点插值或逼近的主要方法之一[13,18,19]。近几年，Macêdo 等[20]提出了一种基于 Hermite 径向基函数（Hermite radial basis function，HRBF）的隐式曲面来插值所给型值点的位置及法向。该算法对粗糙、不均匀采样点、封闭曲面片的处理具有较强的鲁棒性和有效性，能够生成具有细节的重构曲面。但是，给定包含 N 个型值点的集合，该算法对点的位置和法线进行插值会形成求解 $4N\times4N$ 线性系统的计算，当 N 比较大时，计算代价相对高。

本章利用 SQM 中的 SEM 求得初始支撑椭球曲面，再用子面交点法向均值法获得关键型值点和对应单位法矢量，并以此作为严格约束条件（简称点法约束），提出一种基于求解 $4N\times2N$ 线性系统的 HRBF 隐式曲面生成光滑自由光学曲面的设计方法，生成了投射均匀方斑的光滑自由光学曲面。通过与 Carr 等[13]和 Macêdo 等[20]提出的两种光滑重建算法相比较，本章方法具有点法误差更小和计算时间更短的优点。进一步在型值点插值和二次支撑面规模两个方面优化了点法约束条件，解决了边缘效应带来的均匀度降低问题，光学仿真结果符合预期[21]。

7.1 理论与方法

7.1.1 光学自由曲面模型数据

通过采用迭代优化方法[12]可以获得特定的离散光分布 $\boldsymbol{E}$ 及其所对应的光程常数矩阵 $\boldsymbol{K}$ 分布，再由 $\boldsymbol{K}$ 计算出支撑椭球曲面 $\boldsymbol{M}$。为了求得在目标区域内的连续光分布 $\boldsymbol{E}'$，需要在 $\boldsymbol{M}$ 的基础上根据边缘光线原理构造出一个光滑包络面 $\boldsymbol{M}'$，也就是要求在每一个子面 $\boldsymbol{M}_i$ 上选择一个合适的特征型值点 $\boldsymbol{X}_i$ 和对应的单位法矢量 $\boldsymbol{n}_i$。分别采用交点法向均值算法和交点法向均值优化算法[22]来计算特征型值点 $\boldsymbol{X}_i$ 和对应的单位法矢量 $\boldsymbol{n}_i$。对于 $n\times n$ 个支撑子面阵列，采用上述两种算法分别得到 $N=n\times n$ 个和 $N=4(n-1)n_r+(n-2)^2$ 个点法约束（n_r 是边缘子面型值点圈数），表示为

$$\left\{\{\boldsymbol{X}_i\}_{i=1}^{N},\ \{\boldsymbol{n}_i\}_{i=1}^{N}\right\}$$

7.1.2　HRBF曲面插值

曲面插值问题可概述为给定一个点法约束集$\left\{\{\boldsymbol{X}_i\}_{i=1}^N,\{\boldsymbol{n}_i\}_{i=1}^N\right\}$，找到一个合理的插值曲面$\boldsymbol{M}'$。本节采用隐式函数来定义曲面$\boldsymbol{M}'$，运用HRBF隐式曲面重构方法将所有特征型值点$\boldsymbol{X}_j$作为其中心，形成以下构造函数$f:\mathbf{R}^3\to\mathbf{R}$：

$$f(\boldsymbol{X})=\sum_{j=1}^{N}\omega_j\phi\left(\left|\boldsymbol{X}-\boldsymbol{X}_j\right|\right)+\sum_{j=1}^{N}c_j\left(\nabla\phi\left(\left|\boldsymbol{X}-\boldsymbol{X}_j\right|\cdot\boldsymbol{n}_j^{\mathrm{T}}\right)\right) \tag{7.1}$$

其中，$\phi(\cdot)$为径向基函数；$\boldsymbol{n}_j^{\mathrm{T}}\in\mathbf{R}^3$表示第$j$个法矢量的转置；$\omega_j,c_j\in\mathbf{R}$为未知控制系数，并在最小二乘的意义下可以由下列约束条件唯一确定。

$$\begin{cases}f(\boldsymbol{X}_i)=0,\\ \nabla f(\boldsymbol{X}_i)=\boldsymbol{n}_i,\end{cases}\quad i=1,2,\cdots,N \tag{7.2}$$

将式（7.2）的约束条件应用于式（7.1），得到以下线性方程组：

$$\begin{cases}\displaystyle\sum_{j=1}^{N}\omega_j\phi\left(\left|\boldsymbol{X}_i-\boldsymbol{X}_j\right|\right)+\sum_{j=1}^{N}c_j\left(\nabla\phi\left(\left|\boldsymbol{X}_i-\boldsymbol{X}_j\right|\right)\cdot\boldsymbol{n}_j^{\mathrm{T}}\right)=0,\\ \displaystyle\sum_{j=1}^{N}\omega_j\nabla\phi\left(\left|\boldsymbol{X}_i-\boldsymbol{X}_j\right|\right)+\sum_{j=1}^{N}c_j\left(\mathrm{H}\phi\left(\left|\boldsymbol{X}_i-\boldsymbol{X}_j\right|\cdot\boldsymbol{n}_j^{\mathrm{T}}\right)\right)=\boldsymbol{n}_i,\end{cases}\quad i=1,2,\cdots,N \tag{7.3}$$

这里，H是作用于$\phi(\cdot)$的Hessian算子，将线性方程组（7.3）写成矩阵形式：

$$\boldsymbol{A\lambda}=\boldsymbol{b} \tag{7.4}$$

其中，$\boldsymbol{\lambda}$是$2N$维向量，第i个子块为$[\omega_i,c_i]^{\mathrm{T}}$；$\boldsymbol{b}$是$4N$维向量，第$i$个子块为$[0,\boldsymbol{n}_i^x,\boldsymbol{n}_i^y,\boldsymbol{n}_i^z]^{\mathrm{T}}$，这里$\boldsymbol{n}_i^x,\boldsymbol{n}_i^y,\boldsymbol{n}_i^z$分别表示$\boldsymbol{n}_i$在$x,y,z$三个方向上的分量；$\boldsymbol{A}$是由$N\times N$个子块组装而成的$4N\times 2N$系数矩阵，每个$\boldsymbol{A}_{ij}$是一个$4\times 2$的子矩阵，对应于一对HRBF中心$(\boldsymbol{X}_i,\boldsymbol{X}_j)$。则有

$$\boldsymbol{A}=\left(\boldsymbol{A}_{ij}\right)_{N\times N} \tag{7.5}$$

$$\boldsymbol{A}_{ij}=\begin{pmatrix}\phi\left(\left|\boldsymbol{X}_i-\boldsymbol{X}_j\right|\right) & \nabla\phi\left(\left|\boldsymbol{X}_i-\boldsymbol{X}_j\right|\right)\cdot\boldsymbol{n}_i^{\mathrm{T}}\\ \left(\nabla\phi\left(\left|\boldsymbol{X}_i-\boldsymbol{X}_j\right|\right)\right)^{\mathrm{T}} & \mathrm{H}\phi\left(\left|\boldsymbol{X}_i-\boldsymbol{X}_j\right|\right)\cdot\boldsymbol{n}_i^{\mathrm{T}}\end{pmatrix}\in\mathbf{R}^{4\times 2} \tag{7.6}$$

通过基函数之间的比较结果分析，调和函数$\phi(r)=r^3$的能量最小特性使其常用于三维图形数据处理[13]，故选择其来进行曲面点法插值，具体表示形式为

$$f(\boldsymbol{X})=\sum_{j=1}^{N}\omega_j r^3+\sum_{j=1}^{N}c_j\left(\nabla r^3\cdot\boldsymbol{n}_j^{\mathrm{T}}\right)\tag{7.7}$$

通过求解方程组(7.4),可以确定函数 $f(\boldsymbol{X})$ 的系数,然后可以用 Marching Cube 隐式曲面多边形化方法[23]获得目标自由光学曲面。

7.1.3 点法误差定义

实验中为了保证光斑质量，边缘光线原理要求在光滑曲面重建过程中所有的点法误差应该趋于零。点法误差分为点误差 e_{X_i} 和法向误差 e_{n_i}。点误差就是点到面距离，根据隐式曲面的特性，点误差可定义为

$$e_{X_i}=\left|f(\boldsymbol{X}_i)\right|,\quad i=1,2,\cdots,N\tag{7.8}$$

而在 $\boldsymbol{X}_i$ 上的法向误差 e_{n_i} 定义为

$$e_{n_i}=\cos^{-1}<\boldsymbol{n}_i,\boldsymbol{n}_i'>,\quad i=1,2,\cdots,N\tag{7.9}$$

即法向误差可依据 $\boldsymbol{n}_i$ 和 $\boldsymbol{n}_i'$ 的夹角 θ_i 大小来衡量，如图 7.1 所示。

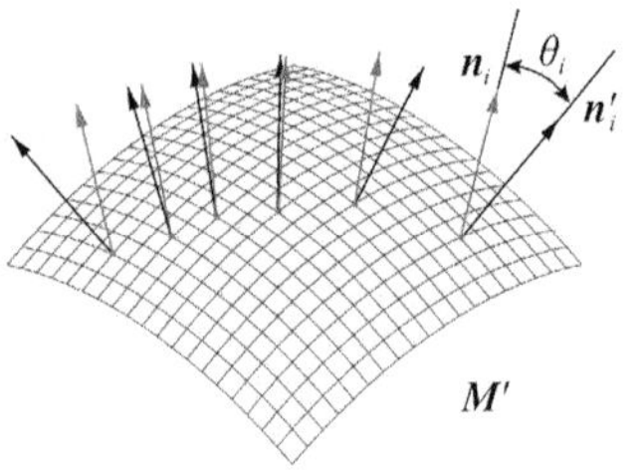

图 7.1 需插值单位法向 $\boldsymbol{n}_i$ 和重建曲面 $\boldsymbol{M}'$ 的单位法向 $\boldsymbol{n}_i'$ 之间的误差

其中，$<\cdot,\cdot>$ 为内积，还有

$$\boldsymbol{n}_i'=\left(\frac{\partial f_i(\boldsymbol{X})}{\partial x},\frac{\partial f_i(\boldsymbol{X})}{\partial y},\frac{\partial f_i(\boldsymbol{X})}{\partial z}\right)\tag{7.10}$$

其中，$\boldsymbol{n}'$ 为 $\boldsymbol{M}'$ 里 $\boldsymbol{X}_i$ 上的法矢量，而 $\boldsymbol{n}_i$ 是在子面 $\boldsymbol{M}_i$ 上的法矢量，以及

$$\begin{aligned}
\frac{\partial f_i(\boldsymbol{X})}{\partial x}&=\omega_j\frac{\partial\phi_i(\boldsymbol{X})}{\partial x}+c_j\left(\left[\frac{\partial^2\phi_i(\boldsymbol{X})}{\partial x^2},\frac{\partial^2\phi_i(\boldsymbol{X})}{\partial x\partial y},\frac{\partial^2\phi_i(\boldsymbol{X})}{\partial x\partial z}\right]\cdot\boldsymbol{n}_i^{\mathrm{T}}\right)\\
\frac{\partial f_i(\boldsymbol{X})}{\partial y}&=\omega_j\frac{\partial\phi_i(\boldsymbol{X})}{\partial y}+c_j\left(\left[\frac{\partial^2\phi_i(\boldsymbol{X})}{\partial x\partial y},\frac{\partial^2\phi_i(\boldsymbol{X})}{\partial y^2},\frac{\partial^2\phi_i(\boldsymbol{X})}{\partial y\partial z}\right]\cdot\boldsymbol{n}_i^{\mathrm{T}}\right)\\
\frac{\partial f_i(\boldsymbol{X})}{\partial z}&=\omega_j\frac{\partial\phi_i(\boldsymbol{X})}{\partial z}+c_j\left(\left[\frac{\partial^2\phi_i(\boldsymbol{X})}{\partial x\partial z},\frac{\partial^2\phi_i(\boldsymbol{X})}{\partial y\partial z},\frac{\partial^2\phi_i(\boldsymbol{X})}{\partial z^2}\right]\cdot\boldsymbol{n}_i^{\mathrm{T}}\right)
\end{aligned}\tag{7.11}$$

7.2 实验结果与分析

7.2.1 设计与仿真

如图 7.2 所示的非成像光学系统中，光源为朗伯型，尺寸为 0.1mm×0.1mm，目标光分布为均匀方斑，光斑大小为 200mm×200mm，离散阵列规模 $n=11$，光源距目标面距离为 400mm。首先利用 SEM 迭代优化方法获得偏差小于 0.01 的离散光分布 $\boldsymbol{E}$ 所对应的 $\boldsymbol{K}$ 分布；再由 $\boldsymbol{K}$ 计算出对应的支撑曲面 $\boldsymbol{M}$；然后用交点法向均值算法[22]求得点法约束；最后利用第 7.1 节提出的 HRBF 隐式曲面重建算法，通过 Marching Cube 隐式曲面多边形化方法得到其光滑包络面，如图 7.2 中灰色曲面所示。

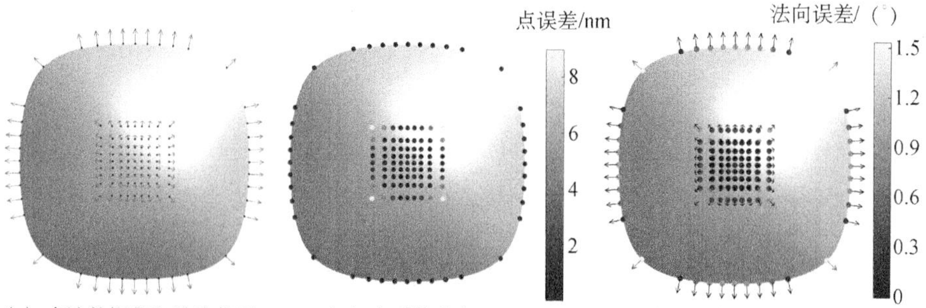

（a）点法数据集和重建曲面　（b）点误差分布图　（c）法向误差分布图

图 7.2　曲面光滑重建（见彩图）

图 7.2（a）中蓝色圆点和红色箭头就是点法约束集$\left\{\left\{\boldsymbol{X}_i\right\}_{i=1}^{N},\left\{\boldsymbol{n}_i\right\}_{i=1}^{N}\right\}$，其中 $N=121$。图 7.2（b）表示点误差，大多数点误差呈蓝色，表明点误差基本控制在纳米量级，重构精度高；图 7.2（c）表示法向误差，曲面上的红色箭头为 $\boldsymbol{n}_i$，黑色箭头为 $\boldsymbol{n}_i'$，点的颜色表示法向误差大小。总的来看，$\boldsymbol{n}_i$ 和 $\boldsymbol{n}_i'$ 基本重合，法向误差最大在 1.5°左右，主要集中在边缘子面处。

7.2.2 算法比较

进一步将本章算法与已有曲面光滑重建算法[13,20]在误差控制和计算效率等方面进行比较，表 7.1 给出了点法误差最大值（Max）和均值（Avg）的比较结果。与文献[13]方法相比，本章算法的点法误差均值总体上相对较小；相对于文献[20]方法具有更好的法向误差均值，但点误差均值较差。在计算时间上，本章提出的算法需要求解 $4N\times 2N$ 线性系统，而文献[13]方法只需要求解 $4N\times(N+4)$ 线性系统，文献[20]方法需要求解 $4N\times 4N$ 线性系统，所以本章提出的算法的计算效率居中。

表 7.1　点法误差比较

重建算法	点误差/nm		法向误差/(°)	
	Max	Avg	Max	Avg
文献[13]	15.294	5.007	1.753	0.794
文献[20]	0.007	0.002	35.618	11.121
本章提出的算法	8.988	1.115	1.533	0.382

图 7.3 给出了 3 种算法在给定相同约束条件下重建光学曲面的仿真结果，本章提出的算法结果相对较好，特别是方斑中间部分更加均匀。但在 3 种算法仿真结果中方斑边界都比中间亮，而且四角处不均匀，这是由初始支撑椭球边缘子面的面积偏大引起的，故需要对边缘处的点法约束做进一步细化。

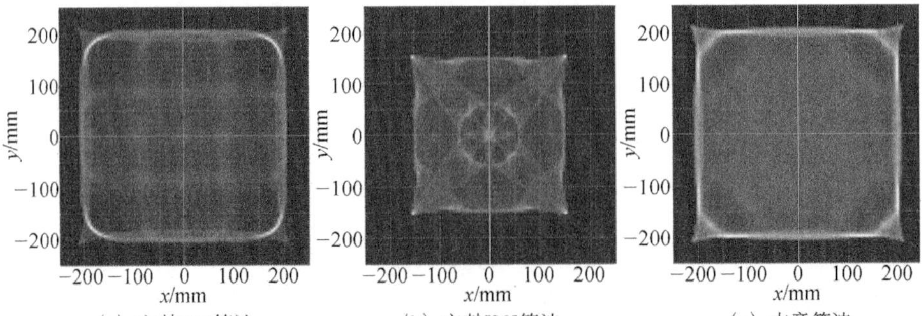

(a) 文献[13]算法　(b) 文献[20]算法　(c) 本章算法

图 7.3　仿真结果比较

7.2.3　交点法向均值优化算法参数分析

在本章中，n_a 是指交点法向均值优化算法中对支撑椭球边缘子面划分后的圈数，n_r 为最终选取边缘子面型值点圈数。当 $n_r=1$ 时，为交点法向均值算法；当$1< n_r \leqslant n_a, n_r \in \mathbf{Z}, n_a \in \mathbf{Z}$时，为交点法向均值优化算法。本小节将具体探讨$n_a=8$和$n_r=1,2,\cdots,8$两个参数对鳞甲面光滑重建点法插值误差和仿真结果的影响。首先，采用交点法向均值算法和交点法向均值优化算法在11×11、33×33和65×65这3种规模的初始支撑椭球子面$\mathbf{TK}_{i,j}$上提取特征型值点和对应单位法矢量数据集$\left\{\{\boldsymbol{X}_i\}_{i=1}^N, \{\boldsymbol{n}_i\}_{i=1}^N\right\}$，以此作为严格点法约束条件；再通过本章提出的基于HRBF隐式曲面生成光滑自由光学曲面的设计方法重建鳞甲面，n_r和规模量级对重建鳞甲面的点法插值误差的影响如图7.4所示。

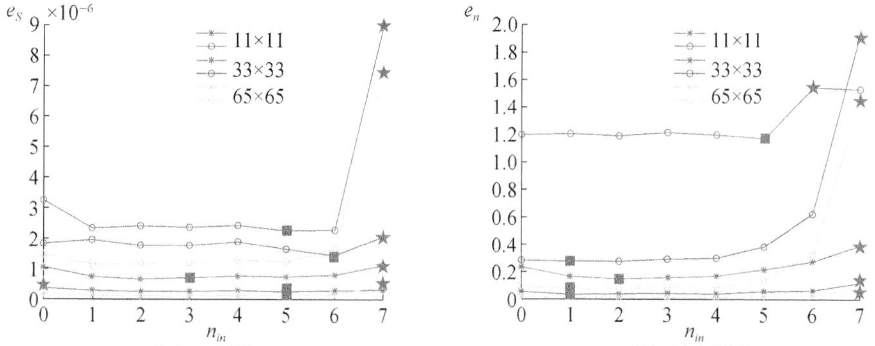

(a) 点误差　　(b) 法向误差

图7.4　n_r和规模量级对重建鳞甲面的点法误差的影响（见彩图）

在图7.4中，红线表示11×11规模鳞甲面重建误差，蓝线对应33×33规模，绿线对应65×65规模；小星号（*）表示均值误差，空心圆（○）表示重建曲面的最大误差，五角星（★）表示各个最大误差当中的最大值，正方形（■）表示最小值。其中横坐标$n_{in}=n_a-n_r=8-n_r$。如图7.4（a）中红线与小星号连接的折线表示随n_r取1～8时对应的11×11规模鳞甲面重建的点插值误差均值变化情况，在$n_r=1$时取得最大值，在n_r=5时取得最小值。

从图7.4可以看出，点法误差随n_r增大而先减小后又增大或减小，当n_r取3～8时随规模增大而减小。由图7.4（a），除33×33规模的鳞甲面点插值的均值误差在$n_r=8$时取得最大，其他鳞甲面重建点插值误差均在$n_r=1$时取得最大值。由图7.4（b）可知，除11×11规模的鳞甲面法向插值的最大误差在$n_r=2$时取得最大，其他鳞甲面重建法向插值误差均在$n_r=1$时取得最大值。

因此，交点法向均值优化算法相比交点法向均值算法有一定优势。对于点插值误差，主要集中在 $n_r=2,3,5$ 时较小；对于法向插值误差，主要集中在 $n_r=3,6,7$ 时较小。

利用 SEM 设计均匀方斑透镜时，一般将目标面分离成离散的像素点，且每一个像素点对应的通量相等，通过迭代的方式调整光程常数，求解满足通量分布的初始支撑椭球面。均匀方斑透镜的光斑大小为 200mm×200mm，仿真光源为 0.1mm×0.1mm 的朗伯光源，光源距目标面距离为 400mm。利用非成像光学设计仿真软件 TracePro 所建立的光学系统对 4 种规模的重建鳞甲面进行光学仿真，n_r 对其重建鳞甲面的光斑仿真结果的影响如图 7.5 所示。

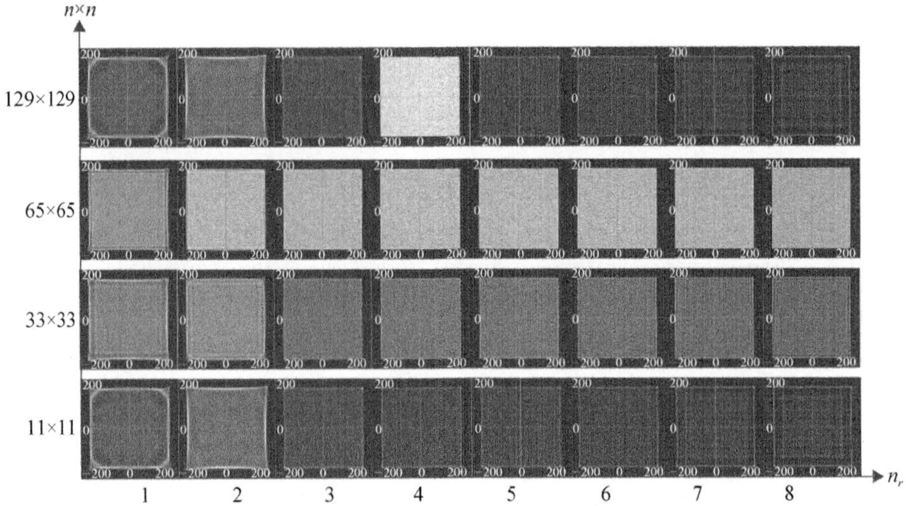

图 7.5　n_r 和规模量级对重建鳞甲面的光斑仿真结果的影响

从图 7.5 可以看出，光斑仿真结果随 n_r 增大而先均匀后又不均匀，特别是光斑边缘和四角处；随着规模增大，光斑照度不断增大，光斑边缘与中间部分照度越来越接近。总体来说，4 个规模的重建鳞甲面在 $n_r=3,4,5$ 时获得较好的仿真效果。

当初始支撑椭球中间子面上点法和边缘子面外圈交点距离过远或过近时，会导致边缘子面交线外圈均值点的法向约束力差或过强，从而导致曲面重建时点法误差较大，最后导致光斑仿真结果不均匀，如 $n_r=1$ 和 $n_r=8$ 时的重建鳞甲面。因此，n_r 取值是否适当是影响重建鳞甲面点法误差和仿真效果好坏的关键。综合分析图 7.4 和图 7.5，重建鳞甲面的点法误差变化与光斑仿真结果之间有一定联系，4 个规模的重建鳞甲面均在 $n_r = 5$ 时获得符合预期的仿真效果。

7.2.4　交点法向均值优化算法实验结果

基于 7.2.3 节的交点均值优化算法参数分析结果，当中间子面选点结果不变时，在边缘子面上增大选点密度，通过选取 5 圈（$n_a = 8, n_r = 5$）型值点即可得到良好结果。11×11 规模的鳞甲面重建结果如图 7.6 所示，点误差相比于图 7.2（b）约下降到原来的 1/4，法向误差也有一定降低。

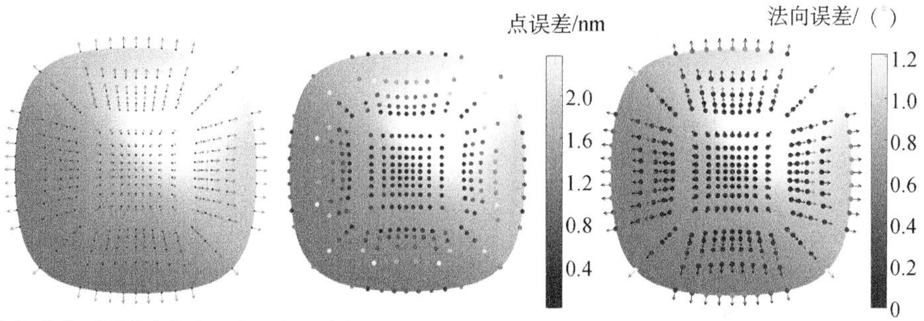

（a）优化后型值点集和法矢量集　（b）优化后点误差分布图　（c）优化后法向误差分布图

图 7.6　边缘细分优化后的曲面光滑重建（见彩图）

如图 7.7（a）给出了 11×11 规模的重建鳞甲面的光学仿真结果，通过边缘子面选点细化，光斑中间均匀度得到提升，但是边界仍然比较亮，尤其是四个顶点更为明显。因此，这里对光程常数矩阵 $\boldsymbol{K}$ 空间进一步细分，得到 33×33、65×65 和 129×129 规模下的 $\boldsymbol{K}$ 矩阵，其中离散均匀度均为 0.99。依次采用本章所提算法重建光滑光学曲面，其点法误差均值如表 7.2 所示，表中 Max 表示最大值，Avg 表示平均值。从表 7.2 可以看到，随着 $\boldsymbol{K}$ 矩阵规模的增大点误差和法向误差均呈现快速下降趋势，趋于收敛。对应光学仿真结果（图 7.7），可以观察到随着子面规模的提升，边界照度与中间照度逐步靠近，照度分布趋于均匀，并在离散阵列规模 $n = 129$ 时获得了较为理想的照度分布。

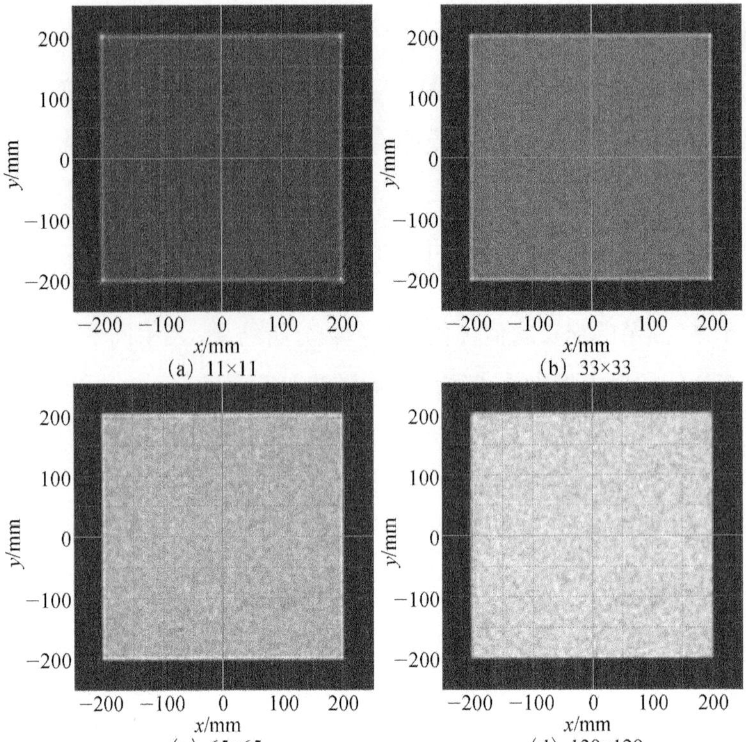

(a) 11×11

(b) 33×33

(c) 65×65

(d) 129×129

图 7.7　不同 ***K*** 规模下的仿真结果

表 7.2　不同 *K* 规模下的重构误差

K 规模	点误差/nm		法向误差/(°)	
	Max	Avg	Max	Avg
11×11	2.373	0.709	1.211	0.151
33×33	1.772	0.273	0.295	0.039
65×65	1.204	0.117	0.090	0.016
129×129	0.609	0.046	0.049	0.004

7.3　本章小结

在 SQM 设计均匀方斑的基础上，基于插值理论和自由曲面设计方法，本章提出了一种以插值型值点和对应单位法矢量为约束条件的 HRBF 隐式曲面的光滑化方法。给定 N 个型值点和对应单位法矢量，本章算法通过求解一个 $4N\times 2N$ 的线性系统得到隐式自由曲面方程。与目前广泛应用的 RBF 隐式曲面重构算法[13,20]相比，该方法避免了人工引入曲面偏移点，能够有效地、稳健地重构隐式曲面。通过实验比较发现，本章算法光学仿真结果符合预期，获得比文献[13]和[20]方法更小法向误差的光滑曲面，并且具有良好的鲁棒性。本章算法在点法误差精度上仍有提升空间，如对距离较远的边缘子面点法插值分布的优化配置。总体而言，本章方法简便易行且效果良好，为均匀方斑乃至任意光分布的配光设计提供了算法支持。

参 考 文 献

[1] Christoph B, Herbert G. Single freeform surface design for prescribed input wavefront and target irradiance. Journal of the Optical Society of America A, 2017, 34(9): 1490-1499.

[2] Yang L, Badar I, Hellmann C, et al. Light shaping by freeform surface from a physical-optics point of view. Optics Express, 2020, 28(11): 16202-16210.

[3] Wei S L, Zhu Z B, Fan Z C, et al. Multi-surface catadioptric freeform lens design for ultra-efficient off-axis road illumination. Optics Express, 2019, 27(12): A779-A789.

[4] Qin Z, Lin S M, Luo K T, et al. Dual-focal-plane augmented reality head-up display using a single picture generation unit and a single freeform mirror. Applied Optics, 2019, 58(20): 5366-5374.

[5] Wu R, Feng Z, Zheng Z, et al. Design of freeform illumination optics. Laser & Photonics Review, 2018, 12(7): 1700310.1-1700310.18.

[6] Tai W, Schwarte R. Design of an aspherical lens to generate a homogenous irradiance for three-dimensional sensors with a light-emitting-diode source. Applied Optics, 2000, 39(31): 5801-5805.

[7] Benitez P, Minano J C, Blen J, et al. Simultaneous multiple surface optical design method in three dimensions. Optical Engineering, 2004, 43(7): 1489-1502.

[8] Ries H, Muschaweck J. Tailored freeform optical surfaces. Journal of the Optical Society of America A, 2002, 19(3): 590-595.

[9] 罗毅, 张贤鹏, 王霖, 等. 半导体照明中的非成像光学及其应用. 中国激光, 2008, 35(7): 963-971.

[10] Chang S Q，Wu R M，An L, et al. Design beam shapers with double freeform surfaces to form a desired wavefront with prescribed illumination pattern by solving a Monge-Ampere type equation. Journal of Optics, 2016, 18(12): 125602.1-125602.12.

[11] Oliker V. Controlling light with freeform multifocal lens designed with supporting quadric method(SQM). Optics Express, 2017, 25(4): A58-A72.

[12] Ma Y, Zhang H, Su Z, et al. Hybrid method of free-form lens design for arbitrary illumination target. Applied Optics, 2015, 54(14): 4503- 4508.

[13] Carr J C, Beatson R K, Cherrie J B, et al. Reconstruction and representation of 3D objects with radial basis functions. SIGGRAPH, 2001: 67-76.

[14] Huang Z Y, Carr N, Ju T. Variational implicit point set surfaces. ACM Transactions on Graphics, 2019, 38(4): 124.1-124.13.

[15] Gomes A J P, Voiculescu I, Jorge J, et al. Implicit Curves and Surfaces: Mathematics, Data Structures and Algorithms. London: Springer, 2009.

[16] Gareengard L, Rokhlin V. A fast algorithm for particle simulations. Journal of Computational Physics, 1997, 135(2): 280-292.

[17] Liu S J, Wang C C L, Brunnett G, et al. A closed-form formulation of HRBF-based surface reconstruction by approximate solution. Computer-Aided Design, 2016, 78: 147-157.

[18] Liu X Y, Wang H, Chen C S, et al. Implicit surface reconstruction with radial basis functions via PDEs. Engineering Analysis with Boundary Elements, 2020, 110: 95-103.

[19] Beatson R K, Newsam G N. Fast evaluation of radial basis functions. Computers & Mathematics with Applications, 1992, 24(12): 7-19.

[20] Macêdo I, Gois J P, Velho L. Hermite radial basis functions implicits. Computer Graphics Forum, 2011, 30(1): 27-42.

[21] 寿华好，莫佳慧，任浩杰，等. 点法约束下厄米径向基隐式自由光学曲面的光滑构造. 计算机辅助设计与图形学学报, 2022,34(9):1334-1340.

[22] 莫佳慧. 带法向约束的隐式曲线曲面重建. 杭州：浙江工业大学, 2021.

[23] Bloomenthal J. An implicit surface polygonizer//Graphics Gems IV. Boston: Academic Press, 1994: 324-349.

第8章　带法向约束的细分曲线设计算法

为了克服线性细分法易有拐点，曲率变化大，并且很难重现圆的缺陷，非线性细分法得到广泛的关注。丁友东等[1]提出了具有保凸性的非线性四点插值曲线。Yang[2]提出了基于法向量的非线性曲线细分法，Dyn 等[3]和 Zhang 等[4]在此基础上做了改进。Deng 等[5]提出了一种基于双圆弧插值的中心细分法。改进的中心细分法也被大量研究[6,7]。Mao 等[8]利用三次 Bézier 曲线提出了基于法向量的快速曲线曲面插值细分方案。在此基础上，Lipovetsky[9]提出了基于 Bézier 平均的非线性细分法。Zhang 等[10]提出了一种带张力参数的任意度非线性广义细分法。Bellaihou 等[11]提出了一种在空间单位球上生成曲线的非线性几何细分法。Lipovetsky 等[12,13]提出了一种新的基于圆平均的 4 点非线性细分法和 L-R（Lane-Riesenfeld）算法，并证明了它们的收敛性与连续性。在此基础上，李彩云等[14]提出了基于圆平均的带参数 4 点插值细分与 3 点逼近细分法。本章在此基础上提出了基于圆平均的双参数 4 点 binary 细分法与单参数 3 点 ternary 插值细分法。其中基于圆平均的双参数 4 点 binary 细分法是文献[14]中的基于圆平均的带参数 4 点插值细分的推广，增加了偏移参数 μ。此外，本章首次提出将圆平均应用到 ternary 插值细分，这使得细分过程中控制顶点的增加速度更快。

本章针对有法向量的初始控制顶点，将线性细分法改写为点的重复 binary 平均，并用圆平均代替线性平均，用加权测地线平均法[15]算出的法向量作为新插入顶点的法向量，从而得到两种基于圆平均的非线性细分法，并给出了收敛性与连续性的证明。数值例子表明，本章提出的 4 点细分法比文献[14]中的 4 点细分法更加灵活，且与相应的线性细分法相比有更强的曲线造型能力，同时具有圆的再生力；本章提出的 3 点 ternary 细分法在实现插值的同时，每一次细分所获得的控制顶点个数是上一次控制顶点个数的 3 倍，这使得细分过程中控制顶点的个数增加速度更快。同时，也具有圆的再生力[16]。

8.1 预 备 知 识

8.1.1 2D-圆平均的构造

2D-圆平均是基于两点及其法向量的 binary 操作，由于新产生的点在由原来两点及其法向量所构造的圆弧 $\widehat{\boldsymbol{P}_0\boldsymbol{P}_1}$ 上，所以称为圆平均。给定两个点和法向量对 $\boldsymbol{P}_0=(\boldsymbol{p}_0,\boldsymbol{n}_0)$，$\boldsymbol{P}_1=(\boldsymbol{p}_1,\boldsymbol{n}_1)$，权值 $\omega\in[0,1]$，其中法向量 $\boldsymbol{n}_0$ 与 $\boldsymbol{n}_1$ 的夹角为 θ。构造一个新点及其法向量对 $\boldsymbol{P}_\omega=(\boldsymbol{p}_\omega,\boldsymbol{n}_\omega)$，将其记为 $\boldsymbol{P}_0e_\omega\boldsymbol{P}_1$；当 $\omega=\dfrac{1}{2}$ 时，记为 $\boldsymbol{P}_0e\boldsymbol{P}_1$。$l_i(i=0,1)$ 表示由 $\boldsymbol{n}_i$ 定义并且通过点 $\boldsymbol{p}_i$ 的直线，线段 $[\boldsymbol{p}_0,\boldsymbol{p}_1]$ 的长度用 $|\boldsymbol{p}_0\boldsymbol{p}_1|$ 表示，直线 $\boldsymbol{p}_0\boldsymbol{p}_1$ 可以将平面划分为两个半平面。

用圆平均产生新点及其法向量对的步骤如下。

（1）构造候选圆弧。构造由 $\boldsymbol{P}_0=(\boldsymbol{p}_0,\boldsymbol{n}_0),\boldsymbol{P}_1=(\boldsymbol{p}_1,\boldsymbol{n}_1)$ 确定的两个圆，它们满足经过 $\boldsymbol{p}_0$ 和 $\boldsymbol{p}_1$，圆心在线段 $\boldsymbol{p}_0\boldsymbol{p}_1$ 的中垂线上，且 $\widehat{\boldsymbol{P}_0\boldsymbol{P}_1}$ 所对的圆心角等于 θ。可以得到两个圆关于线段 $\boldsymbol{p}_0\boldsymbol{p}_1$ 对称，两个圆的半径均为 $|\boldsymbol{p}_0\boldsymbol{p}_1|\Big/\left(2\sin\dfrac{\theta}{2}\right)$。对每个圆选取连接 $\boldsymbol{p}_0$ 和 $\boldsymbol{p}_1$ 的短弧，将这两段圆弧称为候选圆弧，如图 8.1 所示。

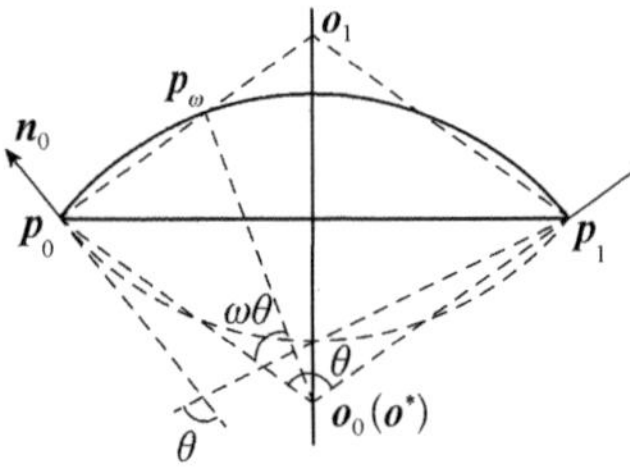

（a）$\boldsymbol{n}_0$与$\boldsymbol{n}_1$位于同一半平面

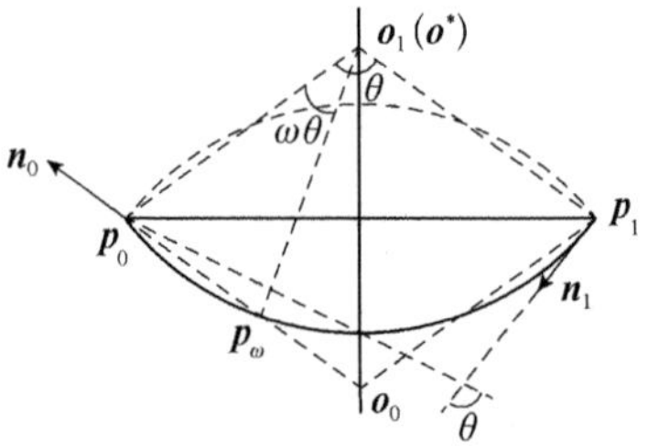

（b）$\boldsymbol{n}_0$与$\boldsymbol{n}_1$位于不同半平面

图 8.1　2D-圆平均的构造

（2）确定圆弧与圆心。$\boldsymbol{q}$ 是 l_0 与 l_1 的交点，若 $\boldsymbol{n}_0$ 与 $\boldsymbol{n}_1$ 相对于直线 $\boldsymbol{p}_0\boldsymbol{p}_1$ 位于

两个不同的半平面，则选取与$\boldsymbol{q}$在同一平面的候选圆弧；否则选取另外一个候选圆弧，相应圆心用$\boldsymbol{o}^*$表示。

（3）确定$\boldsymbol{p}_\omega$的位置。$\boldsymbol{p}_\omega$在步骤（2）中选取的圆弧$\widehat{\boldsymbol{P}_0\boldsymbol{P}_1}$上，且$\angle \boldsymbol{p}_0\boldsymbol{o}^*\boldsymbol{p}_\omega=\omega\theta$。

（4）确定$\boldsymbol{n}_\omega$的方向。$\boldsymbol{n}_0$与$\boldsymbol{n}_1$的加权测地平均$G(\boldsymbol{n}_0,\boldsymbol{n}_1;\omega)$即为$\boldsymbol{n}_\omega$。

关于特殊情况圆弧选择具体可以参照文献[17]。可以将圆平均的参数ω推广到实数上，当$\omega<0$时，选取的圆弧为连接$\boldsymbol{p}_0$和$\boldsymbol{p}_1$的长弧。

8.1.2 测地线平均

单位法向量$\boldsymbol{n}_0$与$\boldsymbol{n}_1$的加权测地线平均定义为

$$G(\boldsymbol{n}_0,\boldsymbol{n}_1;\omega)=(\cos\gamma,\sin\gamma)$$

其中，$\gamma=(1-\omega)\alpha+\omega\beta$，$\boldsymbol{n}_0=(\cos\alpha,\sin\alpha)$，$\boldsymbol{n}_1=(\cos\beta,\sin\beta)$。

本章提出的带法向约束的圆平均非线性细分法均是在点-法向量对上进行操作的，且法向量是基于测地线平均的，独立于点的平均。要证明本章提出的细分法的收敛性，就要证明点和法向量的收敛性，主要依据下面的引理8.1与引理8.2。

引理8.1[15] 设$\boldsymbol{T}$为适用于流形数据测地线细分法。如果$\boldsymbol{T}$有收缩因子，那么$\boldsymbol{T}$是收敛的。

引理8.2[12] 细分法的加细顶点对于任意的控制顶点收敛，如果任何顶点序列满足：

（1）$e^{k+1}\leqslant\eta e^k$，$\eta\in(0,1)$，其中，η是收缩因子，$e^k=\max\limits_i\left\{\left|\boldsymbol{p}_i^k\boldsymbol{p}_{i+1}^k\right|\right\}$（收缩性）；

（2）$\left|\boldsymbol{p}_{2i}^{k+1}-\boldsymbol{p}_i^k\right|\leqslant ce^k$，其中，$c>0$（位移安全性）。

8.2 基于圆平均的双参数4点binary细分法

8.2.1 基于圆平均的双参数4点binary细分法的构造

给定初始控制顶点及其法向量对$\boldsymbol{P}_i^0=(\boldsymbol{p}_i,\boldsymbol{n}_i),i\in\mathbf{Z}$，设$\boldsymbol{P}_i^k=(\boldsymbol{p}_i^k,\boldsymbol{n}_i^k)$为

k 次细分后的控制顶点及其法向量。首先给出线性双参数 4 点 binary 细分规则：

$$\begin{cases} \boldsymbol{p}_{2i}^{k+1} = \mu \boldsymbol{p}_{i-1}^{k} + (1-2\mu)\boldsymbol{p}_{i}^{k} + \mu \boldsymbol{p}_{i+1}^{k} \\ \boldsymbol{p}_{2i+1}^{k+1} = -\omega \boldsymbol{p}_{i-1}^{k} + (\frac{1}{2}+\omega)\boldsymbol{p}_{i}^{k} + (\frac{1}{2}+\omega)\boldsymbol{p}_{i+1}^{k} - \omega \boldsymbol{p}_{i+2}^{k} \end{cases} \tag{8.1}$$

其中，ω 为张力参数，刻画的是细分过程中第 $k+1$ 层的新点 $\boldsymbol{p}_{2i+1}^{k+1}$ 靠近 $\boldsymbol{p}_{i}^{k}$，$\boldsymbol{p}_{i+1}^{k}$ 两点构成的边的程度；μ 为偏移参数，刻画的是新点 $\boldsymbol{p}_{2i}^{k+1}$ 偏移第 k 层点 $\boldsymbol{p}_{i}^{k}$ 的程度。如图 8.2 所示，向量 $\boldsymbol{e} = \frac{1}{2}\left(\boldsymbol{p}_{i}^{k} + \boldsymbol{p}_{i+1}^{k}\right) - \frac{1}{2}\left(\boldsymbol{p}_{i-1}^{k} + \boldsymbol{p}_{i+2}^{k}\right)$，$\boldsymbol{t} = \frac{1}{2}\left(\boldsymbol{p}_{i-1}^{k} + \boldsymbol{p}_{i+1}^{k}\right) - \boldsymbol{p}_{i}^{k}$。显然四点插值细分法是该法 $\mu = 0$ 的一个特例。当 $|\omega| + \left|\frac{1}{2} - \mu\right| + |\mu + \omega| < 1$ 时，线性双参数 4 点 binary 细分法收敛[18]。式（8.1）细分法可改写为

$$\begin{cases} \boldsymbol{p}_{2i}^{k+1} = \frac{1}{2}\left(2\mu \boldsymbol{p}_{i-1}^{k} + (1-2\mu)\boldsymbol{p}_{i}^{k}\right) + \frac{1}{2}\left(2\mu \boldsymbol{p}_{i+1}^{k} + (1-2\mu)\boldsymbol{p}_{i}^{k}\right) \\ \boldsymbol{p}_{2i+1}^{k+1} = \frac{1}{2}\left((1+2\omega)\boldsymbol{p}_{i}^{k} - 2\omega \boldsymbol{p}_{i+1}^{k}\right) + \frac{1}{2}\left((1+2\omega)\boldsymbol{p}_{i+1}^{k} - 2\omega \boldsymbol{p}_{i+2}^{k}\right) \end{cases} \tag{8.2}$$

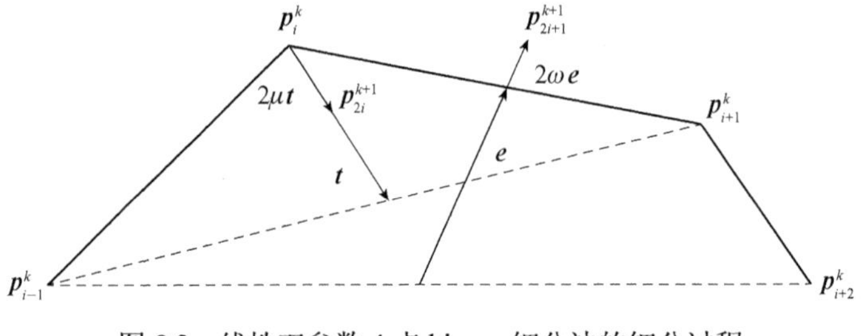

图 8.2　线性双参数 4 点 binary 细分法的细分过程

可以看出线性双参数 4 点 binary 细分法每一次的细分由偏移步与张力步两步骤组成。用圆平均代替式（8.2）的线性平均，可以得到基于圆平均的双参数 4 点 binary 细分法。与线性双参数 binary 细分法类似，基于圆平均双参数 4 点 binary 细分法每一次细分也是由偏移步与张力步两步骤组成，如图 8.3 所示。当 $\mu = 0$ 时算法 8.1 是李彩云等[14]提出的基于圆平均 4 点插值细分法的一个特例。

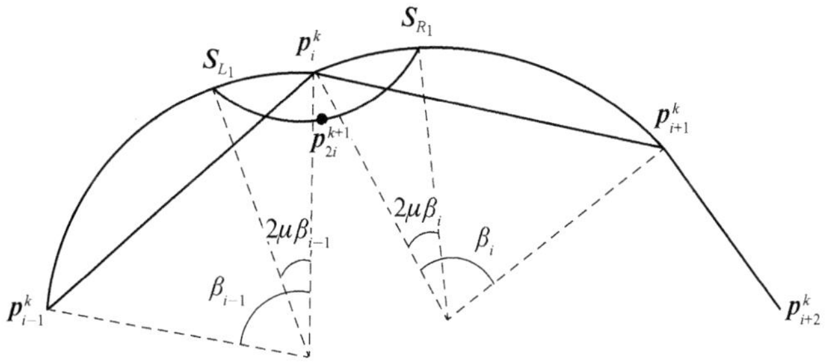

(a) 偏移步

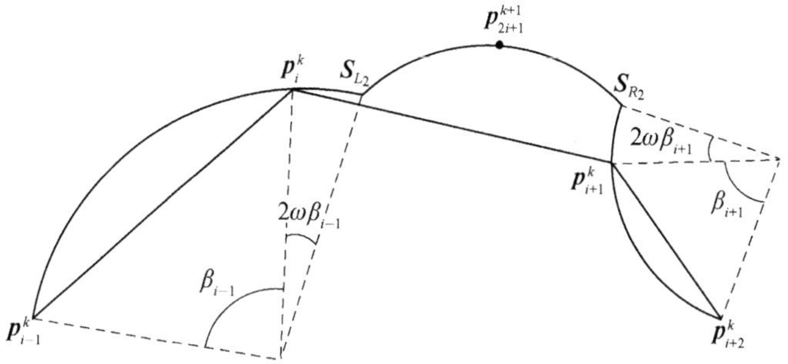

(b) 张力步

图 8.3　基于圆平均的双参数 4 点 binary 细分法的细分过程

算法 8.1　基于圆平均的双参数 4 点 binary 细分法

输入： 初始控制顶点及其法向量对 $\boldsymbol{P}_i=(\boldsymbol{p}_i,\boldsymbol{n}_i)(i\in\mathbf{Z})$。

（1）对 $\forall i\in\mathbf{Z}$，有 $\boldsymbol{P}_i^0\leftarrow\boldsymbol{P}_i$

（2）对于 $k=0,1,2,\cdots,m$

执行 $\forall i\in\mathbf{Z}$

$$\left.\begin{aligned}&\boldsymbol{S}_{L_1}\leftarrow\boldsymbol{P}_i^k e_{2\mu}\boldsymbol{P}_{i-1}^k\\&\boldsymbol{S}_{R_1}\leftarrow\boldsymbol{P}_i^k e_{2\mu}\boldsymbol{P}_{i+1}^k\\&\boldsymbol{P}_{2i}^{k+1}\leftarrow\boldsymbol{S}_{L_1}e\boldsymbol{S}_{R_1}\end{aligned}\right\}\text{偏移步}$$

$$\left.\begin{aligned}&\boldsymbol{S}_{L_2}\leftarrow\boldsymbol{P}_i^k e_{-2\omega}\boldsymbol{P}_{i-1}^k\\&\boldsymbol{S}_{R_2}\leftarrow\boldsymbol{P}_{i+1}^k e_{-2\omega}\boldsymbol{P}_{i+2}^k\\&\boldsymbol{P}_{2i+1}^{k+1}\leftarrow\boldsymbol{S}_{L_2}e\boldsymbol{S}_{R_2}\end{aligned}\right\}\text{张力步}$$

输出： 迭代 m 次的控制顶点及其法向量对 $\boldsymbol{P}_i^m=(\boldsymbol{p}_i^m,\boldsymbol{n}_i^m)(i\in\mathbf{Z})$。

8.2.2 收敛性讨论

引理 8.3（法向量收敛性） 当参数满足 $0<\omega<\frac{3}{32}, 0<\mu<\frac{1}{32}$ 时，通过测地线平均代替双参数 4 点 binary 细分法是收敛的。

证明 用 $\boldsymbol{M}$ 表示一个完备的黎曼流形数据，用 $d(,)$ 表示与它相关的黎曼距离，用 $G(\boldsymbol{n}_0, \boldsymbol{n}_1; \omega)$ 表示单位法向量 $\boldsymbol{n}_0$ 与 $\boldsymbol{n}_1$ 的加权测地线平均，$\delta(\boldsymbol{n})=\sup\limits_i d\left(\boldsymbol{n}_i^k, \boldsymbol{n}_{i+1}^k\right)$。根据引理 8.1，只需证明该细分法的法向量有收缩因子，即证 $d\left(\boldsymbol{n}_{2i}^{k+1}, \boldsymbol{n}_{2i+1}^{k+1}\right) \leqslant \delta(\boldsymbol{n})$。

由三角不等式，有

$$\begin{aligned} d\left(\boldsymbol{n}_{2i}^{k+1}, \boldsymbol{n}_{2i+1}^{k+1}\right) \leqslant & d\left(\boldsymbol{n}_{2i}^{k+1}, G\left(\boldsymbol{n}_i^k, \boldsymbol{n}_{i-1}^k; 2\mu\right)\right)+d\left(G\left(\boldsymbol{n}_i^k, \boldsymbol{n}_{i-1}^k; 2\mu\right), \boldsymbol{n}_i^k\right) \\ & +d\left(\boldsymbol{n}_i^k, G\left(\boldsymbol{n}_i^k, \boldsymbol{n}_{i-1}^k;-2\omega\right)\right)+d\left(G\left(\boldsymbol{n}_i^k, \boldsymbol{n}_{i-1}^k;-2\omega\right), \boldsymbol{n}_{2i+1}^{k+1}\right) \end{aligned} \tag{8.3}$$

其中

$$d\left(\boldsymbol{n}_{2i}^{k+1}, G\left(\boldsymbol{n}_i^k, \boldsymbol{n}_{i-1}^k; 2\mu\right)\right)=\frac{1}{2} d\left(G\left(\boldsymbol{n}_i^k, \boldsymbol{n}_{i-1}^k; 2\mu\right), G\left(\boldsymbol{n}_i^k, \boldsymbol{n}_{i+1}^k; 2\mu\right)\right) \tag{8.4}$$

$$d\left(G\left(\boldsymbol{n}_i^k, \boldsymbol{n}_{i-1}^k; 2\mu\right), \boldsymbol{n}_i^k\right) \leqslant 2\mu\delta(\boldsymbol{n}) \tag{8.5}$$

$$d\left(\boldsymbol{n}_i^k, G\left(\boldsymbol{n}_i^k, \boldsymbol{n}_{i-1}^k;-2\omega\right)\right) \leqslant 2\omega\delta(\boldsymbol{n}) \tag{8.6}$$

$$d\left(G\left(\boldsymbol{n}_i^k, \boldsymbol{n}_{i-1}^k;-2\omega\right), \boldsymbol{n}_{2i+1}^{k+1}\right)=\frac{1}{2} d\left(G\left(\boldsymbol{n}_i^k, \boldsymbol{n}_{i-1}^k;-2\omega\right), G\left(\boldsymbol{n}_{i+1}^k, \boldsymbol{n}_{i+2}^k;-2\omega\right)\right) \tag{8.7}$$

对式（8.4）和式（8.7）分别再一次应用三角不等式，则有

$$\begin{aligned} & d\left(G\left(\boldsymbol{n}_i^k, \boldsymbol{n}_{i-1}^k; 2\mu\right), G\left(\boldsymbol{n}_i^k, \boldsymbol{n}_{i+1}^k; 2\mu\right)\right) \\ \leqslant & d\left(G\left(\boldsymbol{n}_i^k, \boldsymbol{n}_{i-1}^k; 2\mu\right), \boldsymbol{n}_i^k\right)+d\left(\boldsymbol{n}_i^k, G\left(\boldsymbol{n}_i^k, \boldsymbol{n}_{i+1}^k; 2\mu\right)\right) \\ \leqslant & 4\mu\delta(\boldsymbol{n}) \end{aligned} \tag{8.8}$$

$$\begin{aligned} & d\left(G\left(\boldsymbol{n}_i^k, \boldsymbol{n}_{i-1}^k;-2\omega\right), G\left(\boldsymbol{n}_{i+1}^k, \boldsymbol{n}_{i+2}^k;-2\omega\right)\right) \\ \leqslant & d\left(G\left(\boldsymbol{n}_i^k, \boldsymbol{n}_{i-1}^k;-2\omega\right), \boldsymbol{n}_i^k\right)+d\left(\boldsymbol{n}_i^k, \boldsymbol{n}_{i+1}^k\right)+d\left(\boldsymbol{n}_{i+1}^k, G\left(\boldsymbol{n}_{i+1}^k, \boldsymbol{n}_{i+2}^k;-2\omega\right)\right) \\ \leqslant & (1+4\omega)\delta(\boldsymbol{n}) \end{aligned} \tag{8.9}$$

由式（8.3）～式（8.9）有

$$d\left(\boldsymbol{n}_{2i}^{k+1}, \boldsymbol{n}_{2i+1}^{k+1}\right) \leqslant\left(4\mu+4\omega+\frac{1}{2}\right)\delta(\boldsymbol{n}) \tag{8.10}$$

由于参数 $0<\omega<\frac{3}{32}, 0<\mu<\frac{1}{32}$，则 $4\mu+3\omega+\frac{1}{2}<1$，即该细分法有收缩因子，

所以法向量收敛。证毕。

引理8.4（位移安全性）　当 k 足够大时，参数满足 $0<\omega<\dfrac{3}{32},0<\mu<\dfrac{1}{32}$ 时，本章的双参数 4 点 binary 细分法是位移安全的。

证明　李彩云等[14]已给出用圆平均代替线性平均产生的点 $\left|\boldsymbol{p}_{2i+1}^{k+1}-\boldsymbol{p}_i^k\right|$ 的位移安全性的证明。下面只需要证明 $\left|\boldsymbol{p}_{2i}^{k+1}-\boldsymbol{p}_i^k\right|$ 位移安全性。

如图 8.3（a）所示，令 $\boldsymbol{S}_{L_1}=\left(\boldsymbol{s}_{L_1},\boldsymbol{n}_{L_1}\right)$、$\boldsymbol{S}_{R_1}=\left(\boldsymbol{s}_{R_1},\boldsymbol{n}_{R_1}\right)$、$\beta_i=\theta\left(\boldsymbol{n}_i^k,\boldsymbol{n}_{i+1}^k\right)$、$e^k=\max\limits_i\left\{\left|\boldsymbol{p}_i^k\boldsymbol{p}_{i+1}^k\right|\right\}$、$\theta^k=\max\limits_i\left\{\beta_i^k\right\}$。由三角形不等式得

$$\begin{aligned}\left|\boldsymbol{p}_{2i}^{k+1}-\boldsymbol{p}_i^k\right|&\leqslant\left|\boldsymbol{p}_{2i}^{k+1}\boldsymbol{s}_{L_1}\right|+\left|\boldsymbol{s}_{L_1}\boldsymbol{p}_i^k\right|\\&\leqslant\frac{\left|\boldsymbol{s}_{L_1}\boldsymbol{s}_{R_1}\right|}{2\cos\left(\dfrac{1}{4}\theta\left(\boldsymbol{n}_{L_1},\boldsymbol{n}_{R_1}\right)\right)}+\frac{\left|\boldsymbol{p}_i^k\boldsymbol{p}_{i-1}^k\right|\sin\left(\mu\beta_{i-1}\right)}{\sin\left(\dfrac{\beta_{i-1}}{2}\right)}\end{aligned}\tag{8.11}$$

下面证明

$$\theta\left(\boldsymbol{n}_L^k,\boldsymbol{n}_R^k\right)\leqslant4\mu\theta^k\tag{8.12}$$

事实上

$$\theta\left(\boldsymbol{n}_L^k,\boldsymbol{n}_R^k\right)\leqslant\theta\left(\boldsymbol{n}_L^k,\boldsymbol{p}_i^k\right)+\theta\left(\boldsymbol{p}_i^k,\boldsymbol{n}_R^k\right)$$

这里

$$\theta\left(\boldsymbol{n}_L^k,\boldsymbol{p}_i^k\right)=2\mu\theta\left(\boldsymbol{n}_{i-1}^k,\boldsymbol{n}_i^k\right),\quad\theta\left(\boldsymbol{p}_i^k,\boldsymbol{n}_R^k\right)=2\mu\theta\left(\boldsymbol{n}_i^k,\boldsymbol{n}_{i+1}^k\right)$$

因此式（8.12）成立。

下面对 $\left|\boldsymbol{s}_{L_1}\boldsymbol{s}_{R_1}\right|$ 进行估计：

$$\left|\boldsymbol{s}_{L_1}\boldsymbol{s}_{R_1}\right|\leqslant\left|\boldsymbol{s}_{L_1}\boldsymbol{p}_i^k\right|+\left|\boldsymbol{p}_i^k\boldsymbol{s}_{R_1}\right|$$

由于 $\boldsymbol{S}_{L_1}\leftarrow\boldsymbol{P}_i^k e_{2\mu}\boldsymbol{P}_{i-1}^k$，$\boldsymbol{S}_{R_1}\leftarrow\boldsymbol{P}_i^k e_{2\mu}\boldsymbol{P}_{i+1}^k$，有

$$\left|\boldsymbol{s}_{L_1}\boldsymbol{p}_i^k\right|\leqslant\frac{\left|\boldsymbol{p}_i^k\boldsymbol{p}_{i+1}^k\right|\sin\left(\mu\beta_{i-1}\right)}{\sin\left(\dfrac{\beta_{i-1}}{2}\right)},\quad\left|\boldsymbol{p}_i^k\boldsymbol{s}_{R_1}\right|\leqslant\frac{\left|\boldsymbol{p}_i^k\boldsymbol{p}_{i+1}^k\right|\sin\left(\mu\beta_{i-1}\right)}{\sin\left(\dfrac{\beta_{i-1}}{2}\right)}$$

因此

$$\left|\boldsymbol{s}_{L_1}\boldsymbol{s}_{R_1}\right|\leqslant\frac{2\left|\boldsymbol{p}_i^k\boldsymbol{p}_{i+1}^k\right|\sin\left(\mu\beta_{i-1}\right)}{\sin\left(\dfrac{\beta_{i-1}}{2}\right)}\leqslant2Ae^k\tag{8.13}$$

其中，$A=\max\limits_i \dfrac{\sin(\mu\beta_{i-1})}{\sin\left(\dfrac{\beta_{i-1}}{2}\right)}$。

将式（8.13）代入式（8.11）有

$$\left|\boldsymbol{p}_{2i}^{k+1}-\boldsymbol{p}_i^k\right| \leqslant \frac{Ae^k}{\cos\left(\mu\theta^k\right)}+\frac{\left|\boldsymbol{p}_i^k\boldsymbol{p}_{i-1}^k\right|\sin\left(\mu\beta_{i-1}\right)}{\sin\left(\dfrac{\beta_{i-1}}{2}\right)} \leqslant e^k A\left(\frac{1}{\cos\left(\mu\theta^k\right)}+1\right) \leqslant c^k e^k$$

其中，$c^k=A\left(\dfrac{1}{\cos\left(\mu\theta^k\right)}+1\right)$。

可以得到$c^*=\lim\limits_{k\to\infty}c^k=2\mu(1+1)=4\mu$，当$k$足够大时，$c^k<1$。因此，基于圆平均 4 点 binary 细分法是位移安全的。证毕。

引理8.5（收缩性）　当k足够大时，参数满足$0<\omega<\dfrac{3}{32},0<\mu<\dfrac{1}{32}$时，本节提出的双参数 4 点 binary 细分法是收缩的。

证明　由三角不等式，有

$$\begin{aligned}\left|\boldsymbol{p}_{2i}^{k+1}\boldsymbol{p}_{2i+1}^{k+1}\right| &\leqslant \left|\boldsymbol{p}_{2i}^{k+1}\boldsymbol{s}_{L_1}\right|+\left|\boldsymbol{s}_{L_1}\boldsymbol{p}_i^k\right|+\left|\boldsymbol{p}_i^k\boldsymbol{s}_{L_2}\right|+\left|\boldsymbol{s}_{L_2}\boldsymbol{p}_{2i+1}^{k+1}\right| \\ &\leqslant \frac{\left|\boldsymbol{s}_{L_1}\boldsymbol{s}_{R_1}\right|}{2\cos\left(\mu\theta^k\right)}+\frac{\left|\boldsymbol{p}_{i-1}^k\boldsymbol{p}_i^k\right|\sin\left(\mu\beta_{i-1}\right)}{\sin\left(\dfrac{\beta_{i-1}}{2}\right)}+\frac{\left|\boldsymbol{p}_{i-1}^k\boldsymbol{p}_i^k\right|\sin\left(\omega\beta_{i-1}\right)}{\sin\left(\dfrac{\beta_{i-1}}{2}\right)} \\ &\quad +\frac{\left|\boldsymbol{s}_{L_2}\boldsymbol{s}_{R_2}\right|}{2\cos\left(\dfrac{1}{4}(1+4\omega)\theta^k\right)}\end{aligned} \tag{8.14}$$

由文献[14]中式（6）有

$$\left|\boldsymbol{s}_{L_2}\boldsymbol{s}_{R_2}\right| \leqslant e^k(1+2B) \tag{8.15}$$

其中，$B=\max\limits_i \dfrac{\sin(\omega\beta_{i-1})}{\sin\left(\dfrac{\beta_{i-1}}{2}\right)}$。

将式（8.13）和式（8.15）代入式（8.14）得

$$\left|\boldsymbol{p}_{2i}^{k+1}\boldsymbol{p}_{2i+1}^{k+1}\right| \leqslant \frac{Ae^k}{\cos\left(\mu\theta^k\right)}+Ae^k+Be^k+\frac{e^k(1+2B)}{2\cos\left(\dfrac{1}{4}(1+4\omega)\theta^k\right)} \leqslant \eta^k e^k$$

其中，$\eta^k = \dfrac{A}{\cos\left(\mu\theta^k\right)} + A + B + \dfrac{1+2B}{2\cos\left(\dfrac{1}{4}(1+4\omega)\theta^k\right)}$。

由于 $\beta_i \leqslant \theta^k$ 以及法向量收敛，$\lim\limits_{k\to\infty}\theta^k = 0$，可以得到

$$\eta^* = \lim_{k\to\infty}\eta^k = \left(2\mu + 2\mu + 2\omega + \frac{1+4\omega}{2}\right) = \frac{1}{2} + 4\mu + 4\omega \qquad (8.16)$$

又因为 $0<\omega<\dfrac{3}{32}, 0<\mu<\dfrac{1}{32}$，所以 $\eta^*<1$。从极限的定义可以得到，当 k 足够大时，$\eta^k<1$。$\exists \eta \in (0,1)$ 及正整数 K，当 $k>K$，$\eta^k<\eta<1$。因此，当 $k>K$，该细分法是收缩的。证毕。

定理 8.1　当参数满足 $0<\omega<\dfrac{3}{32}, 0<\mu<\dfrac{1}{32}$ 时，基于圆平均的双参数 4 点 binary 细分法是收敛的。

证明　由引理 8.4 与引理 8.5 可以得到点的收敛性，再由引理 8.3，可以得到本节提出的基于圆平均的双参数 4 点 binary 细分法是收敛的。证毕。

8.2.3　连续性讨论

定理 8.2　当参数满足 $0<\omega<\dfrac{3}{32}, 0<\mu<\dfrac{1}{32}$ 时，基于圆平均的双参数 4 点 binary 细分法是 C^1 连续的。

证明　由文献[14]可知，要证明本节提出的双参数 4 点 binary 细分法是 C^1 连续的，需要证明当 k 足够大时，双参数 4 点 binary 细分法 k 次细分产生的控制顶点 $\boldsymbol{p}^k$ 到线性双参数 4 点 binary 细分法 k 次细分产生的控制顶点 $\boldsymbol{q}^k$ 的最大距离要足够小，即证当 k 足够大时，$\delta^k(\boldsymbol{p}) = \sup\limits_i\left\{\left|\boldsymbol{p}_i^k\boldsymbol{q}_i^k\right|\right\}$ 足够小。

线性双参数 4 点 binary 细分法和基于圆平均的双参数 4 点 binary 细分法的一次细分均可以看作由偏移步和张力步两步骤组成。李彩云等[14]已经证明当 k 足够大时，基于圆平均的双参数 4 点 binary 细分法张力步中 $\sup\limits_i\left\{\left|\boldsymbol{p}_{2i+1}^{k+1}\boldsymbol{q}_{2i+1}^{k+1}\right|\right\}$ 可以足够小。因此，我们只需证明当 k 足够大时，偏移步中 $\sup\limits_i\left\{\left|\boldsymbol{p}_{2i}^{k+1}\boldsymbol{q}_{2i}^{k+1}\right|\right\}$ 足够小。

线性双参数 4 点 binary 细分法的一次细分偏移步可以看作由两个内插步和一个平均步组成，如图 8.4 所示。记内插步骤产生 $\boldsymbol{q}_i^{k,L}$(left)，$\boldsymbol{q}_i^{k,R}$(right)，

平均步产生 $\boldsymbol{q}_{2i}^{k+1}$；基于圆平均的 4 点 binary 线性细分法产生 $\boldsymbol{p}_i^{k,L}$(left)，$\boldsymbol{p}_i^{k,R}$(right)；用 $\boldsymbol{q}_{2i}^{k+1}$ 表示线段 $\left[\boldsymbol{q}_i^{k,L},\boldsymbol{q}_i^{k,R}\right]$ 的中点，$\boldsymbol{c}_i^{k+1}$ 表示线段 $\left[\boldsymbol{p}_i^{k,L},\boldsymbol{p}_i^{k,R}\right]$ 的中点。令 $V_i^{k,L}=\left|\boldsymbol{p}_i^{k,L}\boldsymbol{q}_i^{k,L}\right|$，$V_i^{k,R}=\left|\boldsymbol{p}_i^{k,R}\boldsymbol{q}_i^{k,R}\right|$。

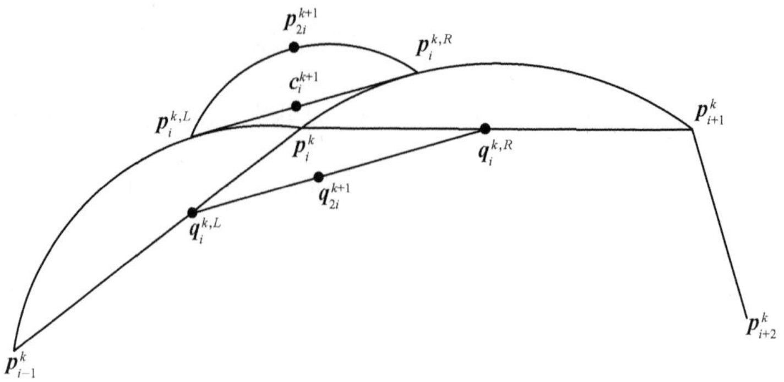

图 8.4　基于圆平均的双参数 4 点 binary 细分法偏移步中新点与对应线性细分的新点之间的距离

由三角不等式得

$$\left|\boldsymbol{p}_{2i}^{k+1}\boldsymbol{q}_{2i}^{k+1}\right|\leqslant\left|\boldsymbol{p}_{2i}^{k+1}\boldsymbol{c}_i^{k+1}\right|+\left|\boldsymbol{c}_i^{k+1}\boldsymbol{q}_{2i}^{k+1}\right| \tag{8.17}$$

由文献[13]中引理 3.2 得到

$$\left|\boldsymbol{c}_i^{k+1}\boldsymbol{q}_{2i}^{k+1}\right|\leqslant 2\max\left\{V_i^{k,L},V_i^{k,R}\right\}$$

由文献[10]引理 4 得

$$\left|\boldsymbol{p}_{2i}^{k+1}\boldsymbol{c}_i^{k+1}\right|\leqslant\chi_{\frac{1}{2}}\left|\boldsymbol{p}_i^{k,L}\boldsymbol{p}_i^{k,R}\right|\theta\left(\boldsymbol{n}_i^{k,L},\boldsymbol{n}_i^{k,R}\right) \tag{8.18}$$

$$V_i^{k,L}\leqslant\chi_{2\mu}\left|\boldsymbol{p}_{i-1}^k\boldsymbol{p}_i^k\right|\theta\left(\boldsymbol{n}_{i-1}^k,\boldsymbol{n}_i^k\right) \tag{8.19}$$

其中，$\chi_t=\sqrt{\dfrac{\pi|t|^3}{3!}+|t|\dfrac{(1-t)^2}{4}}$。将式（8.12）和式（8.16）代入式（8.18）得

$$\left|\boldsymbol{p}_{2i}^{k+1}\boldsymbol{c}_i^{k+1}\right|\leqslant 8\mu A\chi_{\frac{1}{2}}e^k\theta^k \tag{8.20}$$

将式（8.19）和式（8.20）代入式（8.17）有

$$\left|\boldsymbol{p}_{2i}^{k+1}\boldsymbol{q}_{2i}^{k+1}\right|\leqslant\left(8\mu A\chi_{\frac{1}{2}}+2\chi_{2\mu}\right)\theta^k e^k$$

又由式（8.12）和式（8.16）可知

$$\lim_{k\to\infty}\frac{\theta^{k+1}}{\theta^k}=2\mu,\ \lim_{k\to\infty}\frac{e^{k+1}}{e^k}=\frac{1}{2}+4\mu+4\omega$$

并且，$0<\omega<\dfrac{3}{32},0<\mu<\dfrac{1}{32}$。因此，当$k\to\infty$时，$\theta^k\to 0$的速度比$e^k\to 0$快，从而当$k$足够大时，可以得到

$$\max_i\left|\boldsymbol{p}_{2i}^{k+1}\boldsymbol{q}_{2i}^{k+1}\right|\leqslant\left(8\mu A\chi_{\frac{1}{2}}+2\chi_{2\mu}\right)\left(e^k\right)^2 \tag{8.21}$$

由于当张力参数ω以及偏移参数μ满足$\max\left\{4\left|\mu+2\omega\right|,4\omega+\left|1-4\mu-4\omega\right|\right\}<1$时，线性双参数4点binary细分法是$C^1$连续的，因此本章提出的细分法是$C^1$连续的。证毕。

8.2.4　数值图例

本节将给出基于圆平均的双参数4点binary细分法的几个数值图例。张力参数ω刻画的是新点靠近控制多边形边的程度。ω越小，生成的极限曲线越接近初始控制多边形，如图8.5所示。偏移参数μ刻画的是细分过程中第$k+1$层的新点偏移第k层控制顶点的程度。μ越小，生成的极限曲线越接近初始控制顶点，如图8.6所示，这也充分体现了文献[14]中的方法是本节提出的基于圆平均的双参数4点binary细分法的特例，当位移参数μ=0时，本节提出的方法变成了文献[14]中的基于圆平均4点插值细分法。因为该细分法在细分过程中新点的位置与法向量有关，所以初始控制顶点不同的法向量也会影响极限曲线，如图8.7所示，在初始控制顶点相同，改变其中一个控制顶点的法向量的情况下，当初始控制顶点的法向量与相邻2个控制顶点的法向量相比均变化很大时，极限曲线出现了自交的情况。因此，选择合适的法向量可以避免产生自交的极限曲线。

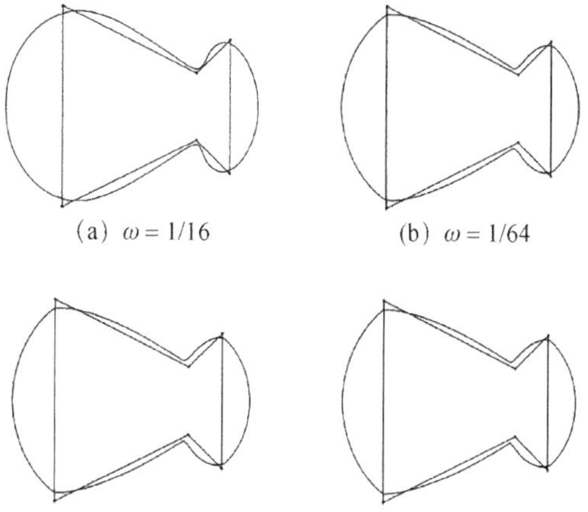

(a) $\omega=1/16$　　(b) $\omega=1/64$

(c) $\omega=1/128$　　(d) $\omega=1/1024$

图8.5　不同张力参数下的基于圆平均的双参数4点binary细分法的极限曲线

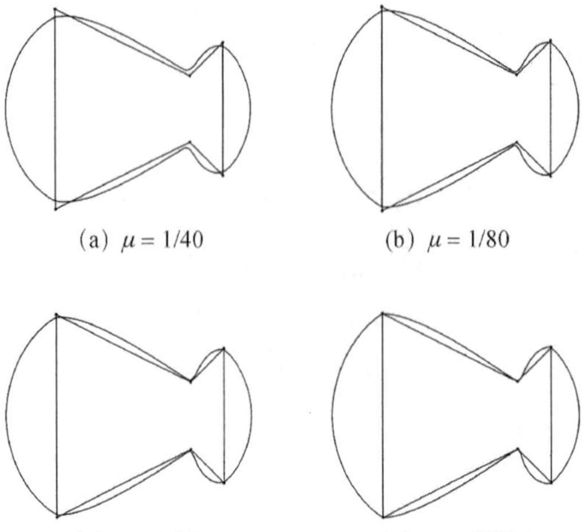

(a) $\mu = 1/40$ (b) $\mu = 1/80$

(c) $\mu = 1/128$ (d) $\mu = 1/1024$

图 8.6 不同偏移参数下的基于圆平均的双参数 4 点 binary 细分法的极限曲线

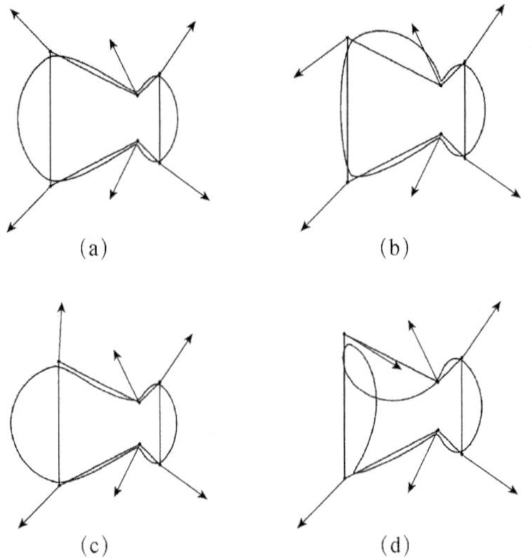

(a) (b)

(c) (d)

图 8.7 不同初始控制顶点法向量对基于圆平均的双参数 4 点 binary 细分法极限曲线的影响

8.3 基于圆平均的单参数 3 点 ternary 插值细分法

8.3.1 基于圆平均的单参数 3 点 ternary 插值细分法的构造

首先给出线性单参数 3 点 ternary 插值细分法的细分规则：

$$\begin{cases} \boldsymbol{p}_{3i-1}^{k+1} = \omega \boldsymbol{p}_{i-1}^{k} + \left(\frac{4}{3} - 2\omega\right) \boldsymbol{p}_{i}^{k} + \left(\omega - \frac{1}{3}\right) \boldsymbol{p}_{i+1}^{k} \\ \boldsymbol{p}_{3i}^{k+1} = \boldsymbol{p}_{i}^{k} \\ \boldsymbol{p}_{3i+1}^{k+1} = \left(\omega - \frac{1}{3}\right) \boldsymbol{p}_{i-1}^{k} + \left(\frac{4}{3} - 2\omega\right) \boldsymbol{p}_{i}^{k} + \omega \boldsymbol{p}_{i+1}^{k} \end{cases} \tag{8.22}$$

其中，ω 为形状参数，细分进程如图 8.8 所示。在每一次细分过程中，均由左插步、右插步以及插值步三步骤组成。当$\frac{1}{6} < \omega < \frac{1}{3}$时，线性单参数 3 点 ternary 细分法是收敛的[18]。式（8.22）可改写为

$$\boldsymbol{p}_{3i-1}^{k+1} = \frac{2}{3}\left(\left(1 - \frac{3}{2}\omega\right) \boldsymbol{p}_{i}^{k} + \frac{3}{2}\omega \boldsymbol{p}_{i-1}^{k}\right) + \frac{1}{3}\left((2 - 3\omega) \boldsymbol{p}_{i}^{k} + (3\omega - 1) \boldsymbol{p}_{i+1}^{k}\right) \tag{8.23}$$

$$\boldsymbol{p}_{3i+1}^{k+1} = \frac{1}{3}\left((2 - 3\omega) \boldsymbol{p}_{i}^{k} + (3\omega - 1) \boldsymbol{p}_{i-1}^{k}\right) + \frac{2}{3}\left(\left(1 - \frac{3}{2}\omega\right) \boldsymbol{p}_{i}^{k} + \frac{3}{2}\omega \boldsymbol{p}_{i+1}^{k}\right) \tag{8.24}$$

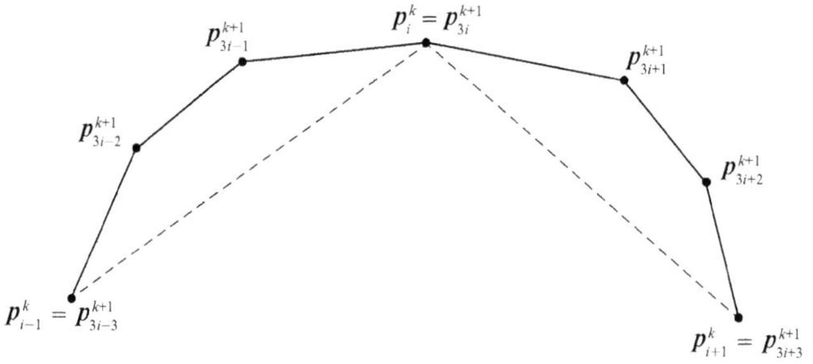

图 8.8　线性单参数 3 点 ternary 细分法的细分过程

用圆平均代替式(8.23)和式(8.24)，得到基于圆平均的单参数 3 点 ternary 细分法，其中形状参数 ω 的取值范围为$\frac{2}{9} < \omega < \frac{1}{3}$。与线性单参数 3 点 ternary 细分法类似，本节提出的单参数 3 点 ternary 细分法（算法 8.2）每次细分过程均由左插步、右插步以及插值步三步骤组成。其构造过程如图 8.9 所示，其中图 8.9（a）是在 $k+1$ 次细分中左插步产生新点 $\boldsymbol{p}_{3i-1}^{k+1}$，图 8.9（b）是在 $k+1$ 次细分中右插步产生新点 $\boldsymbol{p}_{3i+1}^{k+1}$，对于插值步 $\boldsymbol{p}_{3i}^{k+1}=\boldsymbol{p}_{i}^{k}$ 比较简单，这里便不给出构造过程。

算法 8.2　基于圆平均的单参数 3 点 ternary 细分法

输入： 初始控制顶点及其法向量对 $\boldsymbol{P}_i = (\boldsymbol{p}_i, \boldsymbol{n}_i)(i \in \mathbf{Z})$。

（1）对 $\forall i \in \mathbf{Z}$，有 $\boldsymbol{P}_i^0 \leftarrow \boldsymbol{P}_i$

（2）对于 $k=0,1,2,\cdots,m$

执行 $\forall i\in \mathbf{Z}$

$$\left.\begin{aligned} &\boldsymbol{S}_{L_1} \leftarrow \boldsymbol{P}_i^k e_{\frac{3}{2}\omega} \boldsymbol{P}_{i-1}^k \\ &\boldsymbol{S}_{R_1} \leftarrow \boldsymbol{P}_i^k e_{3\omega-1} \boldsymbol{P}_{i+1}^k \\ &\boldsymbol{P}_{2i}^{k+1} \leftarrow \boldsymbol{S}_{L_1} e_{\frac{1}{3}} \boldsymbol{S}_{R_1} \end{aligned}\right\} \text{左插步}$$

$$\boldsymbol{p}_{3i}^{k+1} = \boldsymbol{p}_i^k \qquad \text{插值步}$$

$$\left.\begin{aligned} &\boldsymbol{S}_{L_2} \leftarrow \boldsymbol{P}_i^k e_{3\omega-1} \boldsymbol{P}_{i-1}^k \\ &\boldsymbol{S}_{R_2} \leftarrow \boldsymbol{P}_{i+1}^k e_{\frac{3}{2}\omega} \boldsymbol{P}_{i+2}^k \\ &\boldsymbol{P}_{2i+1}^{k+1} \leftarrow \boldsymbol{S}_{L_2} e_{\frac{2}{3}} \boldsymbol{S}_{R_2} \end{aligned}\right\} \text{右插步}$$

输出： 迭代 m 次的控制顶点及其法向量对 $\boldsymbol{P}_i^m = (\boldsymbol{p}_i^m, \boldsymbol{n}_i^m)(i\in \mathbf{Z})$。

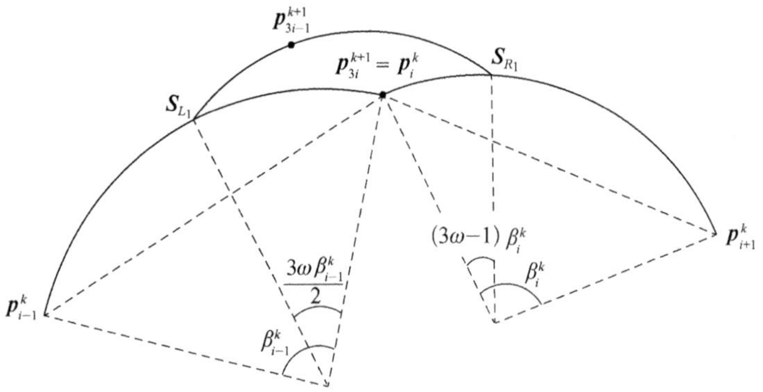

（a）左插步

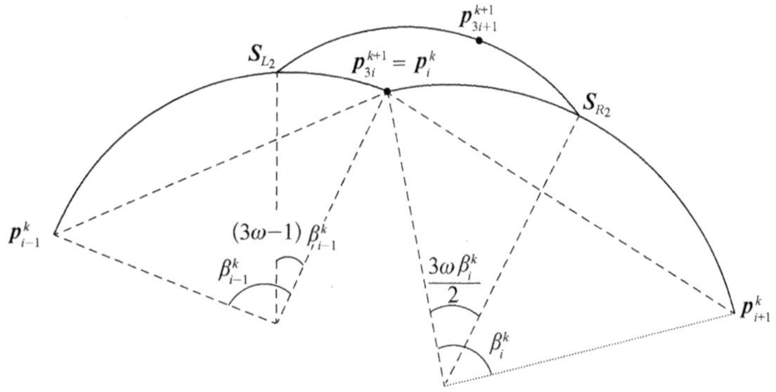

（b）右插步

图 8.9　基于圆平均的单参数 3 点 ternary 插值细分法的构造

8.3.2 收敛性讨论

定理 8.3 当形状参数满足 $\frac{2}{9}<\omega<\frac{1}{3}$ 时，基于圆平均的单参数 3 点 ternary 细分法是收敛的。

证明 对于该细分法法向量的收敛性的证明可参考文献[15]与本章引理 8.3 的证明，这里就不再给出详细证明。

下面给出该细分法点的收敛性证明。

由于该细分法为插值细分$\left|\boldsymbol{p}_{3i}^{k+1}-\boldsymbol{p}_i^k\right|=0$，所以细分法是位移安全的。根据引理 8.2，要证明点的收敛性，只需要证明收缩性。

如图 8.9 所示，设$\boldsymbol{S}_{L_1}=\left(\boldsymbol{s}_{L_1},\boldsymbol{n}_{L_1}\right)$、$\boldsymbol{S}_{R_1}=\left(\boldsymbol{s}_{R_1},\boldsymbol{n}_{R_1}\right)$为细分法左插步中产生的中间点及其法向量对，$\boldsymbol{S}_{L_2}=\left(\boldsymbol{s}_{L_2},\boldsymbol{n}_{L_2}\right)$、$\boldsymbol{S}_{R_2}=\left(\boldsymbol{s}_{R_2},\boldsymbol{n}_{R_2}\right)$为细分法右插步中产生的中间点及其法向量对；令$\beta_i=\theta\left(\boldsymbol{n}_i^k,\boldsymbol{n}_{i+1}^k\right)$、$e^k=\max\limits_i\left\{\left|\boldsymbol{p}_i^k\boldsymbol{p}_{i+1}^k\right|\right\}$、$\theta^k=\max\limits_i\left\{\beta_i^k\right\}$。

由三角形不等式得

$$\left|\boldsymbol{p}_{3i-1}^{k+1}\boldsymbol{p}_{3i}^{k+1}\right|\leqslant\left|\boldsymbol{p}_{3i-1}^{k+1}\boldsymbol{s}_{L_1}\right|+\left|\boldsymbol{s}_{L_1}\boldsymbol{p}_{3i}^{k+1}\right|\leqslant\frac{\left|\boldsymbol{s}_{L_1}\boldsymbol{s}_{R_1}\right|\sin\left(\dfrac{\theta\left(\boldsymbol{n}_{L_1},\boldsymbol{n}_{R_1}\right)}{6}\right)}{\sin\left(\dfrac{\theta\left(\boldsymbol{n}_{L_1},\boldsymbol{n}_{R_1}\right)}{2}\right)}+\frac{\left|\boldsymbol{p}_{i-1}^k\boldsymbol{p}_i^k\right|\sin\left(\dfrac{3}{4}\omega\beta_{i-1}\right)}{\sin\left(\dfrac{\beta_{i-1}}{2}\right)} \tag{8.25}$$

利用三角不等式对$\left|\boldsymbol{s}_{L_1}\boldsymbol{s}_{R_1}\right|$进行估计

$$\begin{aligned}\left|\boldsymbol{s}_{L_1}\boldsymbol{s}_{R_1}\right|&\leqslant\left|\boldsymbol{s}_{L_1}\boldsymbol{p}_i^k\right|+\left|\boldsymbol{p}_i^k\boldsymbol{s}_{R_1}\right|\\&\leqslant\frac{\left|\boldsymbol{p}_{i-1}^k\boldsymbol{p}_i^k\right|\sin\left(\dfrac{3}{4}\omega\beta_{i-1}\right)}{\sin\left(\dfrac{\beta_{i-1}}{2}\right)}+\frac{\left|\boldsymbol{p}_i^k\boldsymbol{p}_{i+1}^k\right|\sin\left(\dfrac{3\omega-1}{2}\beta_i\right)}{\sin\left(\dfrac{\beta_i}{2}\right)}\\&\leqslant e^k\left(\frac{\sin\left(\dfrac{3}{4}\omega\beta_{i-1}\right)}{\sin\left(\dfrac{\beta_{i-1}}{2}\right)}+\frac{\sin\left(\dfrac{3\omega-1}{2}\beta_i\right)}{\sin\left(\dfrac{\beta_i}{2}\right)}\right)\end{aligned} \tag{8.26}$$

下面对$\theta\left(\boldsymbol{n}_{L_1},\boldsymbol{n}_{R_1}\right)$进行估计

$$\begin{aligned}\theta\left(\boldsymbol{n}_{L_1},\boldsymbol{n}_{R_1}\right)&\leqslant\theta\left(\boldsymbol{n}_{L_1},\boldsymbol{n}_i^k\right)+\theta\left(\boldsymbol{n}_i^k,\boldsymbol{n}_{R_1}\right)\\&\leqslant\frac{3}{2}\omega\beta_{i-1}^k+(3\omega-1)\beta_i^k\\&\leqslant\left(\frac{9}{2}\omega-1\right)\theta^k\end{aligned}\tag{8.27}$$

由式（8.25）～式（8.27）得

$$\left|\boldsymbol{p}_{3i-1}^{k+1}\boldsymbol{p}_{3i}^{k+1}\right|$$

$$\leqslant e^k\left(\frac{\sin\left(\frac{3}{4}\omega\beta_{i-1}\right)}{\sin\left(\frac{\beta_{i-1}}{2}\right)}+\frac{\sin\left(\frac{3\omega-1}{2}\beta_i\right)}{\sin\left(\frac{\beta_i}{2}\right)}\right)\times\frac{\sin\left(\frac{\theta\left(\boldsymbol{n}_{L_1},\boldsymbol{n}_{R_1}\right)}{6}\right)}{\sin\left(\frac{\theta\left(\boldsymbol{n}_{L_1},\boldsymbol{n}_{R_1}\right)}{2}\right)}+e^k\frac{\sin\left(\frac{3}{4}\omega\beta_{i-1}\right)}{\sin\left(\frac{\beta_{i-1}}{2}\right)}$$

根据该细分法的对称性，边$\left|\boldsymbol{p}_{3i}^{k+1}\boldsymbol{p}_{3i+1}^{k+1}\right|$有类似的结果。因此

$$e^{k+1}\leqslant e^k\times\left(\frac{\sin\left(\frac{\theta\left(\boldsymbol{n}_{L_1},\boldsymbol{n}_{R_1}\right)}{6}\right)}{\sin\left(\frac{\theta\left(\boldsymbol{n}_{L_1},\boldsymbol{n}_{R_1}\right)}{2}\right)}\times\left(C+\frac{\sin\left(\frac{3\omega-1}{2}\beta_i\right)}{\sin\left(\frac{\beta_i}{2}\right)}\right)+D\right)$$

其中，$C=\max\limits_i\left\{\frac{\sin\left(\frac{3}{4}\omega\beta_{i-1}\right)}{\sin\left(\frac{\beta_{i-1}}{2}\right)},\frac{\sin\left(\frac{3}{4}\omega\beta_{i+1}\right)}{\sin\left(\frac{\beta_{i+1}}{2}\right)}\right\},D=\max\limits_i\left\{\frac{\sin\left(\frac{3}{4}\omega\beta_{i-1}\right)}{\sin\left(\frac{\beta_{i-1}}{2}\right)}\right\}$。

因此

$$e^{k+1}\leqslant\eta^k e^k$$

其中，$\eta^k=\frac{\sin\left(\frac{\theta\left(\boldsymbol{n}_{L_1},\boldsymbol{n}_{R_1}\right)}{6}\right)}{\sin\left(\frac{\theta\left(\boldsymbol{n}_{L_1},\boldsymbol{n}_{R_1}\right)}{2}\right)}\times\left(C+\frac{\sin\left(\frac{3\omega-1}{2}\beta_i\right)}{\sin\left(\frac{\beta_i}{2}\right)}\right)+D$。

由于$\beta_i\leqslant\theta^k$以及法向量收敛，$\lim\limits_{k\to\infty}\theta^k=0$，可以得到

$$\eta^*=\lim_{k\to\infty}\eta^k=\frac{1}{3}\left(\frac{3}{2}\omega+(3\omega-1)\right)+\frac{3}{2}\omega=3\omega-\frac{1}{3}\tag{8.28}$$

又因为$\frac{2}{9}<\omega<\frac{1}{3}$，所以$\eta^*<1$。从极限的定义可以得到，当$k$足够大时，$\eta^k<1$。$\exists\eta\in(0,1)$及正整数$K$，当$k>K$，$\eta^k<\eta<1$。因此，当$k>K$，细分法是收缩的。

综上所述，基于圆平均的单参数3点ternary插值细分法是收敛的。证毕。

8.3.3　连续性讨论

定理 8.4　当形状参数满足$\frac{2}{9}<\omega<\frac{1}{3}$时，基于圆平均的单参数3点ternary细分法是$C^1$连续的。

证明　证明过程与定理8.2的证明过程类似。线性单参数3点ternary细分法的每次细分中左插步和右插步均可以看作由两个内插步和一个平均步组成，如图8.9所示。

首先证明当k足够大时，左插步$k+1$次细分产生的控制顶点$\boldsymbol{p}^{k+1}$到线性单参数3点ternary细分法$k+1$次细分产生的控制顶点$\boldsymbol{q}^{k+1}$的最大距离要足够小，即证当k足够大时，$\delta^{k+1}(\boldsymbol{p})=\sup\limits_i\left\{\left|\boldsymbol{p}_{3i-1}^{k+1}\boldsymbol{q}_{3i-1}^{k+1}\right|\right\}$足够小。

如图8.10所示，记线性单参数3点ternary插值细分法内插步骤产生$\boldsymbol{q}_i^{k,L}$和$\boldsymbol{q}_i^{k,R}$，平均步产生$\boldsymbol{q}_{3i-1}^{k+1}$；基于圆平均的3点ternary插值细分法左插步产生$\boldsymbol{p}_i^{k,L}$和$\boldsymbol{p}_i^{k,R}$，用$\boldsymbol{q}_{3i-1}^{k+1}$表示线段$\left[\boldsymbol{q}_i^{k,L},\boldsymbol{q}_i^{k,R}\right]$的二等分点，$\boldsymbol{c}_i^{k+1}$表示线段$\left[\boldsymbol{p}_i^{k,L},\boldsymbol{p}_i^{k,R}\right]$的三等分点。令$V_i^{k,L}=\left|\boldsymbol{p}_i^{k,L}\boldsymbol{q}_i^{k,L}\right|$，$V_i^{k,R}=\left|\boldsymbol{p}_i^{k,R}\boldsymbol{q}_i^{k,R}\right|$。

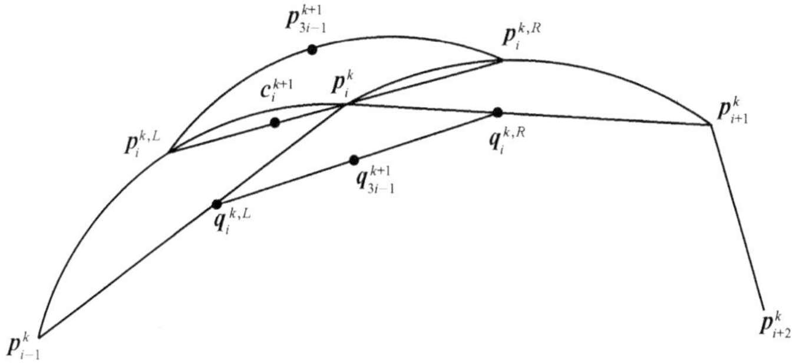

图8.10　基于圆平均的单参数3点ternary插值细分法左插步中新点与对应线性细分的新点之间的距离

由三角不等式得

$$\left|\boldsymbol{p}_{3i-1}^{k+1}\boldsymbol{q}_{3i-1}^{k+1}\right| \leqslant \left|\boldsymbol{p}_{3i-1}^{k+1}\boldsymbol{c}_{i}^{k+1}\right| + \left|\boldsymbol{c}_{i}^{k+1}\boldsymbol{q}_{3i-1}^{k+1}\right| \tag{8.29}$$

由文献[13]中引理 3.2，可得

$$\left|\boldsymbol{c}_{i}^{k+1}\boldsymbol{q}_{3i-1}^{k+1}\right| \leqslant \max\left\{V_i^{k,L}, V_i^{k,R}\right\}$$

再由文献[10]中引理 4，可得

$$\left|\boldsymbol{p}_{3i-1}^{k+1}\boldsymbol{c}_{i}^{k+1}\right| \leqslant \chi_{\frac{1}{3}}\left|\boldsymbol{p}_i^{k,L}\boldsymbol{p}_i^{k,R}\right|\theta\left(\boldsymbol{n}_i^{k,L}, \boldsymbol{n}_i^{k,R}\right) \tag{8.30}$$

$$V_i^{k,L} \leqslant \chi_{\frac{3}{2}\omega}\left|\boldsymbol{p}_{i-1}^{k}\boldsymbol{p}_i^{k}\right|\theta\left(\boldsymbol{n}_{i-1}^{k}, \boldsymbol{n}_i^{k}\right) \tag{8.31}$$

$$V_i^{k,R} \leqslant \chi_{3\omega-1}\left|\boldsymbol{p}_i^{k}\boldsymbol{p}_{i+1}^{k}\right|\theta\left(\boldsymbol{n}_i^{k}, \boldsymbol{n}_{i+1}^{k}\right) \tag{8.32}$$

将式（8.26）和式（8.27）代入式（8.30）得

$$\left|\boldsymbol{p}_{3i-1}^{k+1}\boldsymbol{c}_{i}^{k+1}\right| \leqslant \left(\frac{\sin\left(\frac{3}{4}\omega\beta_{i-1}\right)}{\sin\left(\frac{\beta_{i-1}}{2}\right)} + \frac{\sin\left(\frac{3\omega-1}{2}\beta_i\right)}{\sin\left(\frac{\beta_i}{2}\right)}\right) \times \left(\frac{9}{2}\omega-1\right)\chi_{\frac{1}{3}}e^k\theta^k \tag{8.33}$$

由式（8.29）～式（8.33）有

$$\begin{aligned}&\left|\boldsymbol{p}_{3i-1}^{k+1}\boldsymbol{q}_{3i-1}^{k+1}\right| \\ &\leqslant \left(\frac{\sin\left(\frac{3}{4}\omega\beta_{i-1}\right)}{\sin\left(\frac{\beta_{i-1}}{2}\right)} + \frac{\sin\left(\frac{3\omega-1}{2}\beta_i\right)}{\sin\left(\frac{\beta_i}{2}\right)}\right) \times \left(\frac{9}{2}\omega-1\right)\chi_{\frac{1}{3}}e^k\theta^k + \max\left\{\chi_{\frac{3}{2}\omega}, \chi_{3\omega-1}\right\}e^k\theta^k\end{aligned} \tag{8.34}$$

由式（8.27）和式（8.28）可知

$$\lim_{k\to\infty}\frac{\theta^{k+1}}{\theta^k} = \frac{3}{2}\omega - \frac{1}{3}, \quad \lim_{k\to\infty}\frac{e^{k+1}}{e^k} = 3\omega - \frac{1}{3}$$

由于$\frac{2}{9} < \omega < \frac{1}{3}$，因此，当$k \to \infty$时，$\theta^k \to 0$的速度比$e^k \to 0$快，从而当$k$足够大时，可得

$$\max_i\left|\boldsymbol{p}_{3i-1}^{k+1}\boldsymbol{q}_{3i-1}^{k+1}\right|$$
$$\leqslant\left(\frac{\sin\left(\frac{3}{4}\omega\beta_{i-1}\right)}{\sin\left(\frac{\beta_{i-1}}{2}\right)}+\frac{\sin\left(\frac{3\omega-1}{2}\beta_i\right)}{\sin\left(\frac{\beta_i}{2}\right)}\right)\times\left(\frac{9}{2}\omega-1\right)\chi_{\frac{1}{3}}\left(e^k\right)^2+\max\left\{\chi_{\frac{3}{2}\omega},\chi_{3\omega-1}\right\}\left(e^k\right)^2$$
$$(8.35)$$

由于当形状参数 ω 满足 $\frac{2}{9}<\omega<\frac{1}{3}$ 时，线性单参数 3 点 ternary 细分 C^1 连续，故收敛。当 k 足够大时，$\sup_i\left\{\left|\boldsymbol{p}_{3i-1}^{k+1}\boldsymbol{q}_{3i-1}^{k+1}\right|\right\}$ 足够小。

同理可证，当 k 足够大时，$\sup_i\left\{\left|\boldsymbol{p}_{3i+1}^{k+1}\boldsymbol{q}_{3i+1}^{k+1}\right|\right\}$ 和 $\sup_i\left\{\left|\boldsymbol{p}_{3i}^{k+1}\boldsymbol{q}_{3i}^{k+1}\right|\right\}$ 足够小。

综上所述，本节提出的细分法是 C^1 连续的。证毕。

8.3.4　数值图例

首先，本节将给出基于圆平均的单参数 3 点 ternary 插值细分具体实例。如图 8.11 所示，当形状参数 ω 分别取 0.25、0.275、0.3、0.325 时，基于圆平均的单参数 3 点 ternary 插值细分生成的极限曲线也大有不同。

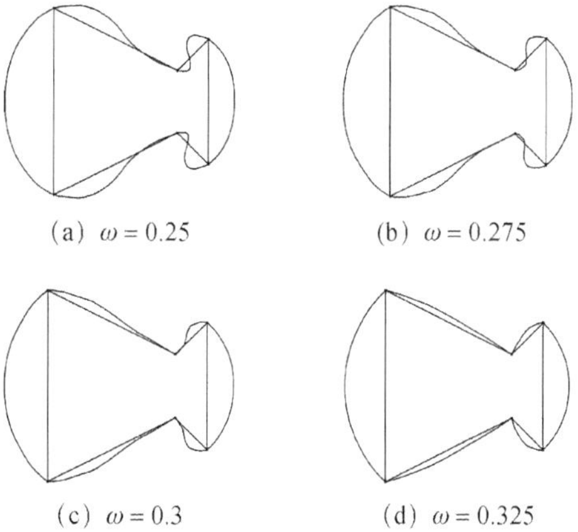

(a) $\omega=0.25$　(b) $\omega=0.275$　(c) $\omega=0.3$　(d) $\omega=0.325$

图 8.11　不同参数 ω 下的基于圆平均的单参数 3 点 ternary 插值细分极限曲线

其次，展示了该细分法与初始控制顶点的法向量有关，如图 8.12 所示，初始控制顶点相同，改变其中一个控制顶点的法向量，会出现自交的情况，所以选择合适的法向量可以避免产生的极限曲线自交。

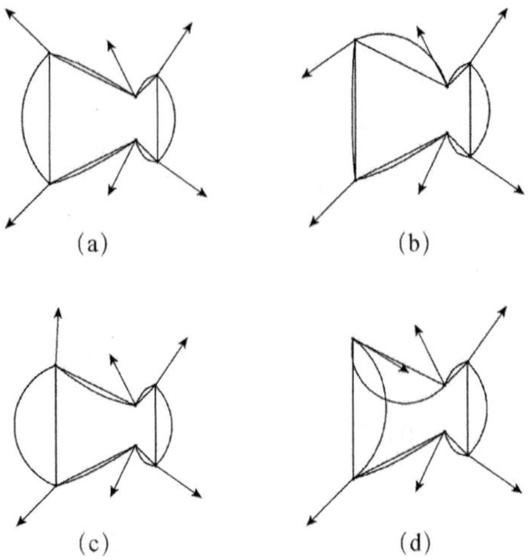

图 8.12 初始控制顶点的法向量对基于圆平均的单参数 3 点 ternary 插值细分极限曲线的影响

然后，将线性双参数 4 点 binary 细分法和线性单参数 3 点 ternary 插值细分法分别作为线性细分方案 1 和线性细分方案 2 与本章提出的两种细分法进行比较，以显示本章提出的细分法具有圆再生力，且生成的极限曲线与传统方法相比更光滑。由于本章方法的细分格式是基于 2D-圆平均的格式改造而来，当初始控制顶点从圆上采样，对应的法向量为从圆心到顶点指向圆外，方案 1 与方案 2 细分产生的极限曲线都不能重现圆，而基于圆平均的双参数 4 点 binary 细分法与基于圆平均的单参数 3 点 ternary 插值细分均能再生圆，如图 8.13 所示。

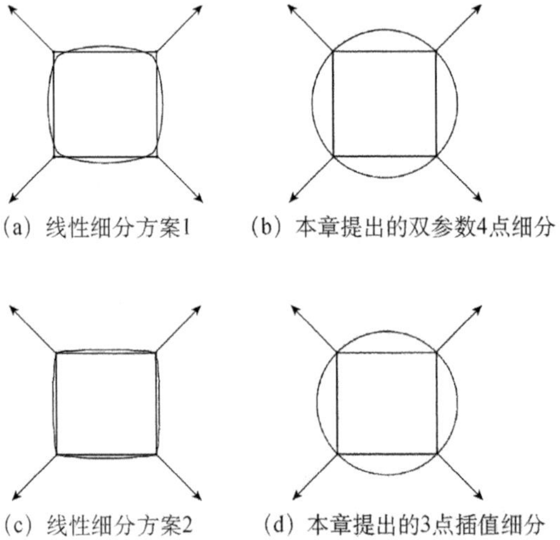

图 8.13 不同细分方法的圆的再生力比较

最后，本章提出的基于圆平均的 4 点细分与 3 点细分的造型能力均比对应的线性细分方法好。本章选取了三个曲线模型实例（例 8.1～例 8.3）进行不同细分法的曲线重建比较。三个实例均是从连续曲线上采样获得的初始控制顶点及其法向量（图 8.14），且生成的曲线均是细分 8 次所得。图 8.15 是例 8.1 凹形曲线模型的重建，其中，图（a）～图（d）分别是线性双参数 4 点 binary 细分法（线性细分方案 1）、本章提出的 4 点细分法、线性单参数 3 点 ternary 插值细分法（线性细分方案 2）与本章提出的 3 点插值细分法的结果。图 8.16 是例 8.2 的曲线模型重建比较，图 8.17 是例 8.3 手型曲线模型的重建比较，其中各个分图的意义同图 8.12。从图 8.15～图 8.17 可以发现，方案 1、方案 2 与本章的方法均能重建曲线，但方案 1 与方案 2 生成的曲线都有尖锐点，而本章提出的 4 点细分与 3 点细分法生成的曲线都比较光滑，特别是例 8.3，初始控制顶点与法向量杂乱无章，但用本章的方法生成的曲线可以更好地重现一张光滑手的形状。

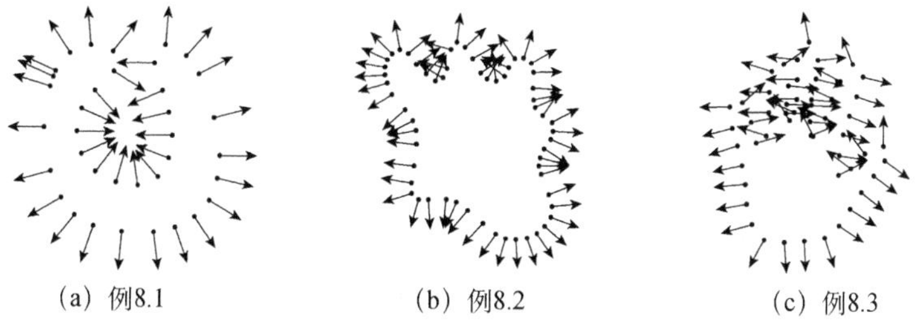

图 8.14　三个封闭图形实例初始采样点

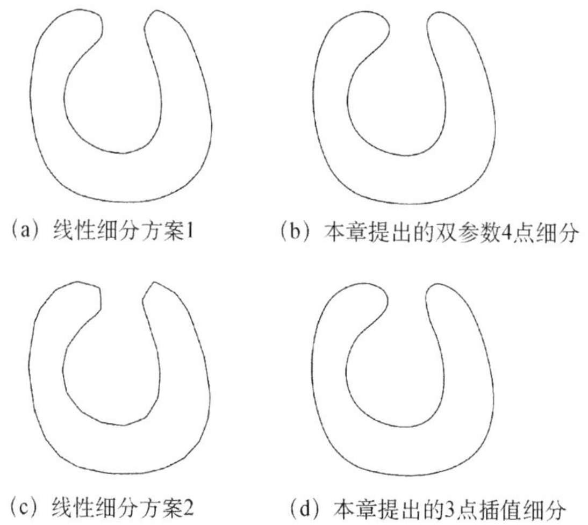

图 8.15　例 8.1 曲线模型

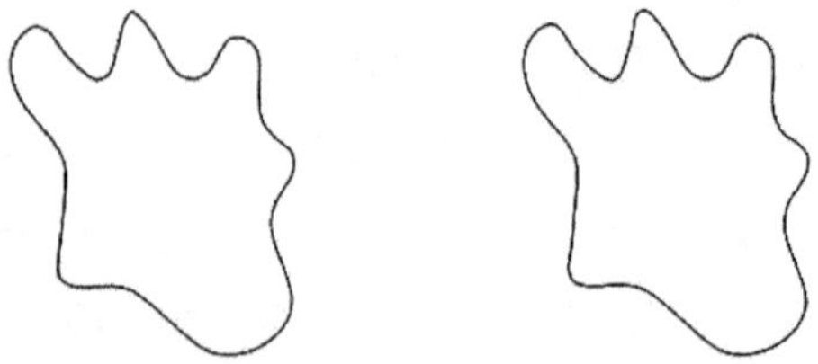

(a) 线性细分方案1　　(b) 本章提出的双参数4点细分

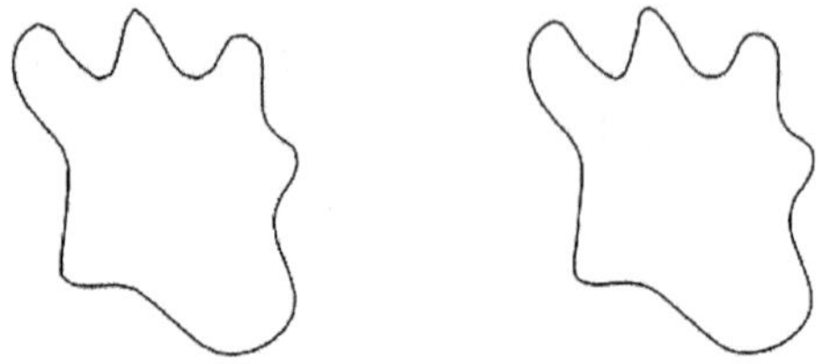

(c) 线性细分方案2　　(d) 本章提出的3点插值细分

图 8.16　例 8.2 曲线模型

(a) 线性细分方案1　　(b) 本章提出的双参数4点细分

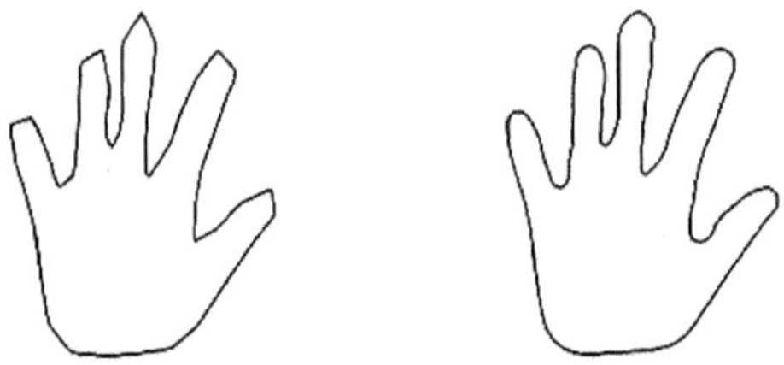

(c) 线性细分方案2　　(d) 本章提出的3点插值细分

图 8.17　例 8.3 曲线模型

8.4 本 章 小 结

本章针对带法向约束的离散点集曲线重建问题，提出了基于圆平均的双参数 4 点 binary 细分和单参数 3 点 ternary 插值细分两种非线性细分法，并对本章两种曲线细分法的收敛性与 C^1 连续性条件给出了严格的数学证明，即给出了本章两种曲线细分法的适用范围。对于基于圆平均的双参数 4 点 binary 细分，当偏移参数 $\mu=0$ 时，可以实现插值，也是文献[14]提出的基于圆平均的带参数 4 点插值细分的推广；对于基于圆平均的 3 点 ternary 插值细分法在实现插值的同时，每一次细分所获得的控制顶点数量是上一次控制顶点数量的 3 倍，这使得细分过程中控制顶点的数量增加速度更快。

本章的两种方法与对应的线性细分法比较发现，本章的方法可以得到更加光滑的曲线，图像编辑能力强，且具有圆的再生力，克服了线性细分法容易产生尖锐点、难生成圆的问题。对于从三个封闭连续曲线实例上采样获得的初始控制顶点及其法向量的数据集，均可以很好地重建。

总之，理论证明与数值实验均说明了本章方法可以较好地解决带法向约束的离散点集的曲线重建问题。但仍存在不足之处，当离散点集的法向量发生突变时，生成的曲线往往会自交，因此需要选择合适的法向量避免极限曲线自交。此外，当本章方法的参数满足什么样的范围可以达到 C^2 连续与 C^3 连续值得我们进一步探究。

参 考 文 献

[1] 丁友东, 华宣积. 光滑曲线生成的一类保凸插值细分方法及其性质. 计算机辅助设计与图形学学报, 2000, 4(7): 492-496.

[2] Yang X. Surface interpolation of meshes by geometric subdivision. Computer-Aided Design, 2005, 37(5): 497-508.

[3] Dyn N, Hormann K. Geometric conditions for tangent continuity of interpolatory planar subdivision curves. Computer Aided Geometric Design, 2012, 29(6): 332-347.

[4] Zhang A, Zhang C. Tangent direction controlled subdivision scheme for curve. Proceedings of the 2nd Conference on Environmental Science and Information Application Technology, Wuhan, 2010: 36-39.

[5] Deng C, Wang G. Incenter subdivision scheme for curve interpolation. Computer Aided

Geometric Design, 2010, 27(1): 48-59.

[6] Deng C, Ma W. Matching admissible Hermite data by a biarc-based subdivision scheme. Computer Aided Geometric Design, 2012, 29(6): 363-378.

[7] Deng C, Ma W. A biarc based subdivision scheme for space curve interpolation. Computer Aided Geometric Design, 2014, 31(9): 656-673.

[8] Mao A, Luo J, Chen J, et al. A new fast normal-based interpolating subdivision scheme by cubic Bézier curves. The Visual Computer, 2016, 32(9):1085-1095.

[9] Lipovetsky E. Subdivision of point-normal pairs with application to smoothing feasible robot path. The Visual Computer, 2022, 38(7):2271-2284.

[10] Zhang Z Z, Zheng H C, Zhou J, et al. A nonlinear generalized subdivision scheme of arbitrary degree with a tension parameter. Advances in Difference Equations, 2020(1):1-13.

[11] Bellaihou M, Ikemakhen A. Spherical interpolatory geometric subdivision schemes. Computer Aided Geometric Design, 2020, 80(6): 101871.

[12] Lipovetsky E, Dyn N. A weighted binary average of point-normal pairs with application to subdivision schemes. Computer Aided Geometric Design, 2016, 48(11): 36-48.

[13] Lipovetsky E, Dyn N. C^1 analysis of some 2D subdivision schemes refining point-normal pairs with the circle average. Computer Aided Geometric Design, 2019, 69(2):45-54.

[14] 李彩云, 郑红婵, 林增耀. 基于圆平均的带参数非线性细分法. 计算机辅助设计与图形学学报, 2019, 31(8):1330-1340.

[15] Dyn N, Sharon N. Manifold-valued subdivision schemes based on geodesic inductive averaging. Journal of Computational and Applied Mathematics, 2017, 311: 54-67.

[16] 刘艳, 寿华好, 季康松. 带法向约束的圆平均非线性细分曲线设计. 中国图象图形学报, 2023, 28(2):556-569.

[17] Siddiqi S S, Salam W U, Rehan K. Construction of binary four and five point non-stationary subdivision schemes from hyperbolic B-splines. Applied Mathematics and Computation, 2016, 280: 30-38.

[18] 郑红婵. p-nary 细分曲线造型及其应用. 西安: 西北工业大学, 2003.

第9章 带法向约束的细分曲面设计算法

针对带法向约束的细分曲面设计，本章提出了基于圆平均的Loop曲面细分法，用C-Loop表示此方法。与基于圆平均的双参数4点binary插值细分法与基于圆平均的单参数3点ternary插值细分法类似，C-Loop曲面细分法需将Loop线性曲面细分法相应的线性平均改为3D-圆平均。但由于Loop细分法新点的产生是较多旧点的线性组合，线性平均较为复杂，因此需先将Loop曲面细分法的线性平均改写为重复binary线性平均，再用3D-圆平均代替binary线性平均，从而产生新的顶点，且连接规则与Loop曲面细分法相同，这样就得到C-Loop曲面细分法[1]。

9.1 预备知识

9.1.1 3D-圆平均的构造

3D-圆平均是2D-圆平均的推广。本章提到的所有对象，特别是点和向量，如果没有特别说明，都是三维的。首先，引入一些符号。对于两个向量$\boldsymbol{u},\boldsymbol{v}$，$\boldsymbol{u}\times\boldsymbol{v}\neq\boldsymbol{0}$，$z(\boldsymbol{u},\boldsymbol{v})$表示$\boldsymbol{u}\times\boldsymbol{v}$的单位向量。注意：

$$\begin{aligned}&z\left(\alpha\boldsymbol{u}+\beta\boldsymbol{v},\gamma\boldsymbol{u}+\delta\boldsymbol{v}\right)=z\left(\boldsymbol{u},\boldsymbol{v}\right),\quad\forall\alpha,\beta,\gamma,\delta\in\mathbf{R}\\&\text{s.t.}\ \ \alpha^2+\beta^2>0,\ \gamma^2+\delta^2>0\end{aligned}\tag{9.1}$$

对于顶点$\boldsymbol{p}$及其法向量$\boldsymbol{n}$，令$\Pi\left(\boldsymbol{p},\boldsymbol{n}\right)$表示通过点$\boldsymbol{p}$，且法向量为$\boldsymbol{n}$的平面。对于点-法对$\boldsymbol{P}_0=\left(\boldsymbol{p}_0,\boldsymbol{n}_0\right)$和$\boldsymbol{P}_1=\left(\boldsymbol{p}_1,\boldsymbol{n}_1\right)$，可以分别产生两个通过点$\boldsymbol{p}_0$与$\boldsymbol{p}_1$平行平面$\Pi_0\left(\boldsymbol{p}_0,z\left(\boldsymbol{n}_0,\boldsymbol{n}_1\right)\right)$与$\Pi_1\left(\boldsymbol{p}_1,z\left(\boldsymbol{n}_0,\boldsymbol{n}_1\right)\right)$。如图9.1所示，向量$\boldsymbol{p}_0\boldsymbol{p}_1$在$z\left(\boldsymbol{n}_0,\boldsymbol{n}_1\right)$上的投影的长度即为平面$\Pi_0$与平面$\Pi_1$之间的距离$h$。定义一个平行于平面$\Pi_0$和$\Pi_1$的平面$\Pi_\omega$，位置在从平面$\Pi_0$到平面$\Pi_1$距离$\omega h$处。对于任意的点-法对$\boldsymbol{P}=\left(\boldsymbol{p},\boldsymbol{n}\right)$，如果点$\boldsymbol{p}$与法向量$\boldsymbol{n}$都在平面$\Pi$上，则称$\boldsymbol{P}=\left(\boldsymbol{p},\boldsymbol{n}\right)\in\Pi$。

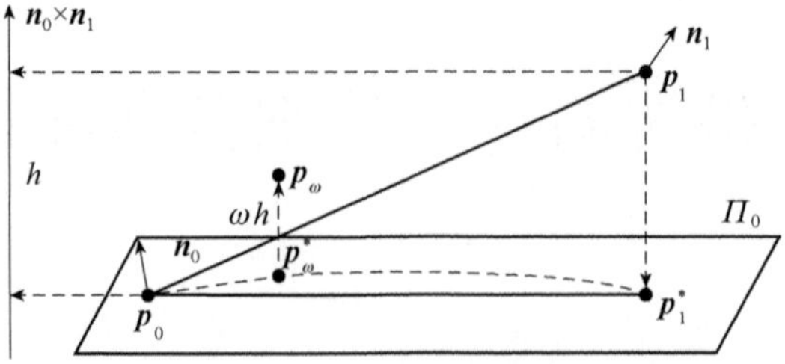

图 9.1 3D-圆平均的构造

令 $\boldsymbol{P}_\omega = \boldsymbol{P}_0 \otimes_\omega \boldsymbol{P}_1$ 表示 3D-圆平均，是 2D-圆平均的推广，构造过程如下。

（1）将 $\boldsymbol{p}_0$ 投影在平面 Π_0 上，得到点 $\boldsymbol{p}_1^*$，进而得到点-法对 $\boldsymbol{P}_1^* = \left(\boldsymbol{p}_1^*, \boldsymbol{n}_1\right)$，且 $\boldsymbol{P}_1^* = \left(\boldsymbol{p}_1^*, \boldsymbol{n}_1\right) \in \Pi_0$。

（2）对平面 Π_0 上的两对点-法对 $\boldsymbol{P}_0 = \left(\boldsymbol{p}_0, \boldsymbol{n}_0\right)$ 与 $\boldsymbol{P}_1^* = \left(\boldsymbol{p}_1^*, \boldsymbol{n}_1\right)$ 进行 2D-圆平均，得到 $\boldsymbol{P}_\omega^* = \boldsymbol{P}_0 e_\omega \boldsymbol{P}_1^* = \left(\boldsymbol{p}_\omega^*, \boldsymbol{n}_\omega^*\right)$。

（3）将 $\boldsymbol{P}_\omega^*$ 投影在平面 Π_ω 上，投影点即为 $\boldsymbol{P}_\omega = \boldsymbol{P}_0 \otimes_\omega \boldsymbol{P}_1$。

构造过程中相应的法向量也是与 2D-圆平均相同，由测地线平均生成。如果 $\boldsymbol{P}_0, \boldsymbol{P}_1 \in \Pi_0$，则 3D-圆平均变成了 2D-圆平均。

对于未给定初始法向量的初始控制顶点，可以用以下方法计算。

考虑顶点 $\boldsymbol{p}$ 的相邻的顶点为 $\boldsymbol{v}_1, \boldsymbol{v}_2, \cdots, \boldsymbol{v}_n$，相邻的面为 $f_1, f_2, \cdots, f_n$，令 $\boldsymbol{\alpha}_i$ 为 $\boldsymbol{p}\boldsymbol{v}_i \times \boldsymbol{p}\boldsymbol{v}_{i+1}$ 所得的单位法向量，则 $\boldsymbol{\alpha}_i$ 为面 f_i 的单位法向量。令 $\gamma_i = \angle \boldsymbol{v}_i \boldsymbol{p} \boldsymbol{v}_{i+1}$，$\gamma = \sum_{i=1}^{k} \gamma_i$，可以得到点 $\boldsymbol{p}$ 的法向量为

$$\boldsymbol{n} = \frac{\sum_{i=1}^{k} \frac{\gamma_i}{\gamma} \boldsymbol{\alpha}_i}{\left| \sum_{i=1}^{k} \frac{\gamma_i}{\gamma} \boldsymbol{\alpha}_i \right|} \tag{9.2}$$

9.1.2 3D-圆平均的性质

与 2D-圆平均的性质相似，3D-圆平均也具有以下性质[2]。

（1）一致性。

$$\forall t, s, k \in [0,1], \quad \left(\boldsymbol{P}_0 \otimes_t \boldsymbol{P}_1\right) \otimes_k \left(\boldsymbol{P}_0 \otimes_s \boldsymbol{P}_1\right) = \boldsymbol{P}_0 \otimes_{\omega^s} \boldsymbol{P}_1, \ \omega^s = ks + (1+k)t \tag{9.3}$$

式（9.3）表明点和法向量均具有一致性。点的一致性来源于式（9.1）与 3D-圆平均的构造步骤（1）～步骤（3），法向量的一致性来源于测地线平均，

如图 9.2 所示。

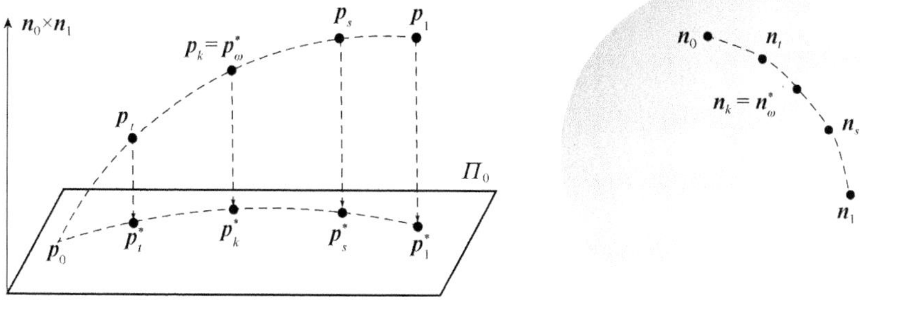

(a) 点的一致性　　　　(b) 法向量的一致性

图 9.2　3D-圆平均的一致性性质

（2）螺旋跟踪。

如果连续改变 ω^* 的权值并跟踪 $\boldsymbol{P}_0 \otimes_{\omega^*} \boldsymbol{P}_1$ 的点的位置，那么，在一般的 3D 情况下，得到的是一个螺旋而不是 2 维情况下的弧 $\widehat{\boldsymbol{p}_0\boldsymbol{p}_1}$。用 $H=(\boldsymbol{P}_0,\boldsymbol{P}_1)$ 来表示这个螺旋。注意，$H=(\boldsymbol{P}_0,\boldsymbol{P}_1)$ 在 $\boldsymbol{\Pi}_0$ 上的投影是 $\widehat{\boldsymbol{p}_0\boldsymbol{p}_1^*}$，如图 9.2（a）所示。更多的性质可参考文献[2]。

9.1.3　重复binary线性平均

用重复 binary 平均重写几个点的加权线性平均。点 $\boldsymbol{q}$ 是 k 个点 $\{\boldsymbol{p}_i\}_{i=0}^{k-1}$ 的加权平均，即

$$\boldsymbol{q}=\alpha_0\boldsymbol{p}_0+\alpha_1\boldsymbol{p}_1+\alpha_2\boldsymbol{p}_2+\cdots+\alpha_{k-1}\boldsymbol{p}_{k-1} \tag{9.4}$$

其中，$\alpha_i\in\mathbf{R}$，$\alpha_i\neq 0$，$i=0,1,2,\cdots,k-1$，且

$$\sum_{i=0}^{k-1}\alpha_i=1 \tag{9.5}$$

将式（9.4）改写为

$$\boldsymbol{q}=(\alpha_0+\alpha_1)\left(\frac{\alpha_0}{\alpha_0+\alpha_1}\boldsymbol{p}_0+\frac{\alpha_1}{\alpha_0+\alpha_1}\boldsymbol{p}_1\right)+\alpha_2\boldsymbol{p}_2+\cdots+\alpha_{k-1}\boldsymbol{p}_{k-1} \tag{9.6}$$

此时，外部和的元素减少了一项，并以二进制平均值作为第一项。注意，在式（9.6）中，$\boldsymbol{q}$ 是 $k-1$ 个点的线性平均值，而在式（9.4）中，$\boldsymbol{q}$ 是 k 个点的线性平均值。重复式（9.6）$k-2$ 次，可以将式（9.4）改写为 $k-1$ 次重复二元线

性平均。

为了避免在这个过程中被零除，必须保证$\sum_{i=0}^{l}\alpha_i \neq 0(l=1,2,\cdots,k)$。因此，需要重新排列式（9.4）中的项，使所有正的α_i都在所有负的之前。通过这种重新排序，保证式（9.6）中的每个部分和$\sum_{i=0}^{l}\alpha_i$都是正的。

9.2 基于圆平均的 Loop 曲面细分法

9.2.1 Loop 细分法

Loop[3]在 1987 年提出了基于三角形网格的细分方法，称为 Loop 细分方法，它属于逼近型的面分裂（在网格边和面上插入适当的新顶点，然后对每个面进行剖分，从而得到新网格）的方法。

Loop 细分方法计算新顶点的几何规则如下。

（1）内部 V-顶点。

对顶点$\boldsymbol{P}_0$，设其相邻顶点为$\boldsymbol{P}_i(i=1,2,\cdots,n)$，则对应的新顶点为

$$\boldsymbol{P}_V=\beta\boldsymbol{P}_0+\alpha\sum_{i=1}^{n}\boldsymbol{P}_i \tag{9.7}$$

其中，$\alpha=\dfrac{1}{n}\left(\dfrac{5}{8}-\left(\dfrac{3}{8}+\dfrac{1}{4}\cos\dfrac{2\pi}{n}\right)^2\right)$，$\beta=1-n\alpha$。

（2）内部 E-顶点。

对边$\boldsymbol{P}_i\boldsymbol{P}_{i+1}$，共享此边的两个三角形面为$\boldsymbol{P}_i\boldsymbol{P}_{i+1}\boldsymbol{P}_{i+2}$与$\boldsymbol{P}_i\boldsymbol{P}_{i+1}\boldsymbol{P}_{i-1}$，与之相应的新边点的位置为

$$\boldsymbol{P}_E=\frac{3}{8}\left(\boldsymbol{P}_i+\boldsymbol{P}_{i+1}\right)+\frac{1}{8}\left(\boldsymbol{P}_{i+2}+\boldsymbol{P}_{i-1}\right) \tag{9.8}$$

（3）边界 E-顶点。

边界边$\boldsymbol{P}_0\boldsymbol{P}_1$上的 E-顶点

$$\boldsymbol{P}_E=\frac{1}{2}\left(\boldsymbol{P}_0+\boldsymbol{P}_1\right) \tag{9.9}$$

（4）边界非角点 V-顶点。

边界顶点$\boldsymbol{P}$在边界上的两个相邻顶点为$\boldsymbol{P}_0,\boldsymbol{P}_1$，则$\boldsymbol{P}$的 V-顶点为

$$P_V = \frac{1}{8}(P_0 + P_1) + \frac{3}{4}P \tag{9.10}$$

点的权值可分别由图 9.3 的模板 mask 表示。

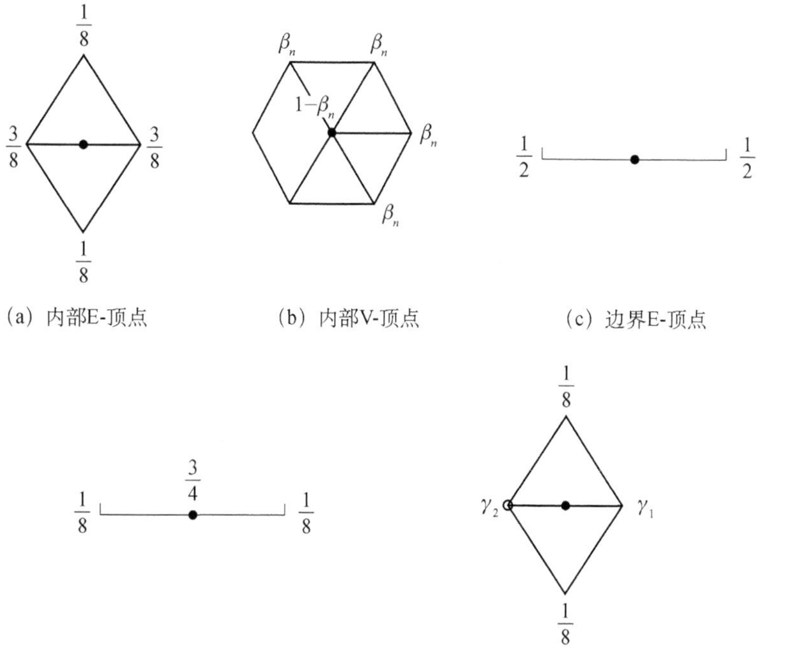

(a) 内部E-顶点　(b) 内部V-顶点　(c) 边界E-顶点

(d) 边界V-顶点　(e) 带边界端点（空心圆）内部边的E-顶点

图 9.3　Loop 细分各类顶点的权值

（5）边界角点 V-顶点：取为角点本身。

Loop 细分的连接规则如下：

（1）连接每一新顶点与周围的新边点；

（2）连接每一新边点与相邻的新边点。

对于任意三角形网格，极限曲面除奇异点外均为 C^2 连续，在奇异处则是 C^1 连续的。

9.2.2　C-Loop 细分法的构造

首先按照重复 binary 线性平均的要求改写 Loop 细分的新点的产生规则，即将式（9.7）～式（9.10）分别改写为重复 binary 线性平均，然后重复用 3D-圆平均代替 binary 线性平均，这样即可得到 C-Loop 细分的几何规则，具体如下。

（1）将 Loop 细分几何规则（式（9.7）～式（9.10））改写为重复 binary 线性平均。

①内部 V-顶点（以 $n=3$ 为例）：

$$
\begin{aligned}
\boldsymbol{P}_V &= \frac{7}{16}\boldsymbol{P}_0+\frac{3}{16}\sum_{i=1}^{3}\boldsymbol{P}_i \\
&= \frac{3}{16}\boldsymbol{P}_1+\frac{3}{16}\boldsymbol{P}_2+\frac{3}{16}\boldsymbol{P}_3+\frac{7}{16}\boldsymbol{P}_0 \\
&= \frac{6}{16}\left(\left(1-\frac{1}{2}\right)\boldsymbol{P}_1+\frac{1}{2}\boldsymbol{P}_2\right)+\frac{3}{16}\boldsymbol{P}_3+\frac{7}{16}\boldsymbol{P}_0 \\
&= \frac{9}{16}\left[\left(1-\frac{1}{3}\right)\left(\left(1-\frac{1}{2}\right)\boldsymbol{P}_1+\frac{1}{2}\boldsymbol{P}_2\right)+\frac{1}{3}\boldsymbol{P}_3\right]+\frac{7}{16}\boldsymbol{P}_0 \\
&= \left(1-\frac{7}{16}\right)\left[\left(1-\frac{1}{3}\right)\left(\left(1-\frac{1}{2}\right)\boldsymbol{P}_1+\frac{1}{2}\boldsymbol{P}_2\right)+\frac{1}{3}\boldsymbol{P}_3\right]+\frac{7}{16}\boldsymbol{P}_0
\end{aligned}
$$

②内部 E-顶点：

$$
\begin{aligned}
\boldsymbol{P}_E &= \frac{3}{8}(\boldsymbol{P}_i+\boldsymbol{P}_{i+1})+\frac{1}{8}(\boldsymbol{P}_{i+2}+\boldsymbol{P}_{i-1}) \\
&= \frac{3}{4}\left(\left(1-\frac{1}{2}\right)\boldsymbol{P}_i+\frac{1}{2}\boldsymbol{P}_{i+1}\right)+\frac{1}{4}\left(\left(1-\frac{1}{2}\right)\boldsymbol{P}_{i+2}+\frac{1}{2}\boldsymbol{P}_{i-1}\right) \\
&= \left(1-\frac{1}{4}\right)\left(\left(1-\frac{1}{2}\right)\boldsymbol{P}_i+\frac{1}{2}\boldsymbol{P}_{i+1}\right)+\frac{1}{4}\left(\left(1-\frac{1}{2}\right)\boldsymbol{P}_{i+2}+\frac{1}{2}\boldsymbol{P}_{i-1}\right)
\end{aligned}
$$

③边界 E-顶点：

$$
\boldsymbol{P}_E=\left(1-\frac{1}{2}\right)\boldsymbol{P}_0+\frac{1}{2}\boldsymbol{P}_1
$$

④边界非角点 V-顶点：

$$
\begin{aligned}
\boldsymbol{P}_V &= \frac{1}{8}\boldsymbol{P}_0+\frac{1}{8}\boldsymbol{P}_1+\frac{3}{4}\boldsymbol{P}=\frac{1}{4}\left(\left(1-\frac{1}{2}\right)\boldsymbol{P}_0+\frac{1}{2}\boldsymbol{P}_1\right)+\frac{3}{4}\boldsymbol{P} \\
&= \left(1-\frac{3}{4}\right)\left(\left(1-\frac{1}{2}\right)\boldsymbol{P}_0+\frac{1}{2}\boldsymbol{P}_1\right)+\frac{3}{4}\boldsymbol{P}
\end{aligned}
$$

（2）3D-圆平均代替 binary 线性平均。

①新顶点（V-顶点）（以 $n=3$ 为例）：

$$
\boldsymbol{P}_V \leftarrow \left[\left(\boldsymbol{P}_1 \otimes_{\frac{1}{2}} \boldsymbol{P}_2\right) \otimes_{\frac{1}{3}} \boldsymbol{P}_3\right] \otimes_{\frac{7}{16}} \boldsymbol{P}_0
$$

②新边点（E-顶点）：

$$P_E \leftarrow \left(P_i \otimes_{\frac{1}{2}} P_{i+1}\right) \otimes_{\frac{1}{4}} \left(P_{i+2} \otimes_{\frac{1}{2}} P_{i-1}\right)$$

③边界边的 E-顶点：

$$P_E \leftarrow P_0 \otimes_{\frac{1}{2}} P_1$$

④边界非角点的 V-顶点：

$$P_V \leftarrow \left(P_0 \otimes_{\frac{1}{2}} P_1\right) \otimes_{\frac{3}{4}} P$$

C-Loop 细分法的连接规则与 Loop 细分连接规则相同。对于未给定初始法向量的初始控制顶点，可以用式（9.2）计算。基于以上内容，可以得到用基于圆平均的 Loop 细分重建的算法（算法 9.1）。

算法 9.1　基于圆平均的 Loop 细分法

输入：初始控制多面体（具有面 $F_j(j\in \mathbf{Z})$、点及其法向量对 $P_i=(p_i,n_i)(i\in \mathbf{Z})$ 信息）

Step1：对 $\forall i\in \mathbf{Z}$，有 $P_i^0 \leftarrow P_i$， $F_j^0 = F_j$

Step2：对于 $k=0,1,\cdots,m$

Step2.1：新顶点的产生与更新

执行 $\forall i\in \mathbf{Z}$

新顶点：$P_V^{k+1} \leftarrow \left[\left(P_1^k \otimes_{\frac{1}{2}} P_2^k\right) \otimes_{\frac{1}{3}} P_3^k\right] \otimes_{\frac{7}{16}} P_0^k$（以 $n=3$ 为例）

新边点：$P_E^{k+1} \leftarrow \left(P_i^k \otimes_{\frac{1}{2}} P_{i+1}^k\right) \otimes_{\frac{1}{4}} \left(P_{i+2}^k \otimes_{\frac{1}{2}} P_{i-1}^k\right)$

边界边的 E-顶点：$P_E^{k+1} \leftarrow P_0^k \otimes_{\frac{1}{2}} P_1^k$

边界非角点的 V-顶点：$P_V^{k+1} \leftarrow \left(P_0^k \otimes_{\frac{1}{2}} P_1^k\right) \otimes_{\frac{3}{4}} P^k$

Step2.2：顶点的连接

连接每一新顶点与周围的新边点，连接每一新边点与相邻的新边点；

输出：迭代 m 次的面 $F_j^m(j\in \mathbf{Z})$、顶点及其法向量对 $P_i^m=(p_i^m,n_i^m)(i\in \mathbf{Z})$

9.2.3 数值图例

图 9.4（例 9.1）与图 9.5（例 9.2）将 Loop 细分与 C-Loop 细分进行了比较，其中，图（a）是初始控制网格及其法向量，图（b）～图（d）分别是 Loop 细分 1 次、3 次后得到的曲面与其及极限曲面，图（e）～图（g）分别是 C-Loop 细分 1 次、3 次后得到的曲面与其及极限曲面。如图 9.4 所示，对于初始控制网格是从球体上采样而来的正方体，且每个控制顶点的法向量从球心指向顶点，分别进行 Loop 细分与 C-Loop 细分，由于细分的连接规则相同，细分 1 次时，Loop 细分与 C-Loop 细分区别不大，随着细分次数的增加，Loop 细分虽具有保形性，但初始控制顶点附近曲率变化较大，而 C-Loop 细分的极限曲面是一个球形，更加光滑，说明了 C-Loop 细分具有保球性。为了说明 C-Loop 细分具有稳定的保球性，从球体上采样得到一个三棱锥，法向量是球心指向初始控制顶点，如图 9.5 所示，C-Loop 细分可以重现球体。例 9.1 与例 9.2 均说明了 C-Loop 细分法具有保球性，这是由于 C-Loop 细分法的细分格式是基于 3D-圆平均的格式改造而来，克服了线性细分法容易产生尖锐点、难生成球的问题。

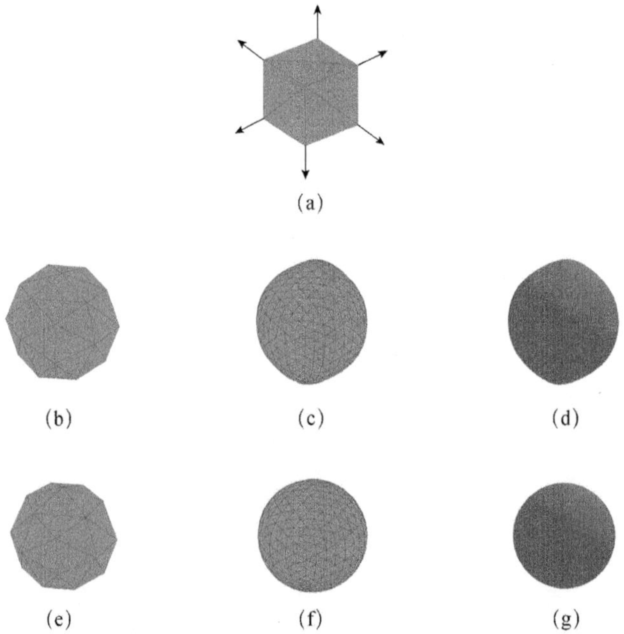

图 9.4　Loop 细分与 C-Loop 细分的比较（例 9.1）

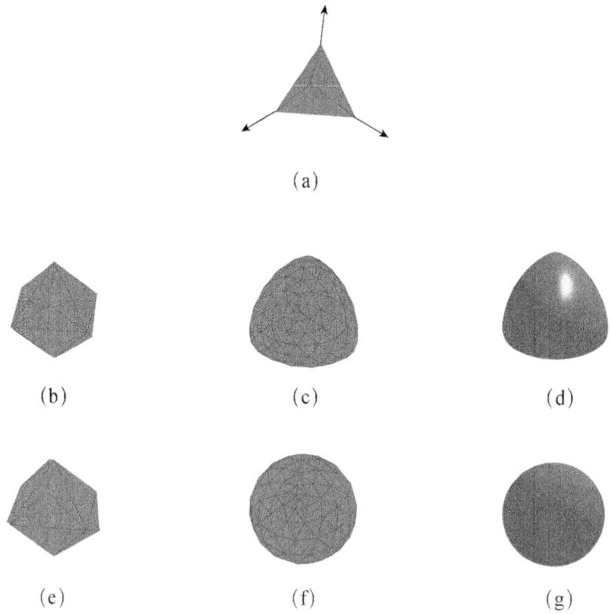

图 9.5　Loop 细分与 C-Loop 细分的比较（例 9.2）

9.3　本 章 小 结

本章针对带法向约束的离散点集曲面设计问题，提出了 C-Loop 非线性曲面细分法。由于 Loop 细分法新点是旧点的线性组合，可根据重复 binary 线性平均的要求将旧点的线性组合改写为重复 binary 线性平均，然后不断地用 3D-圆平均代替 binary 线性平均，这样得到的新点就是 C-Loop 细分法的新点。C-Loop 细分法相比于对应的 Loop 线性细分法具有球的再生力，克服了线性细分法容易产生尖锐点、难生成球的问题。但仍存在不足之处，对于 C-Loop 细分法的收敛性与连续性问题没有给出严格的数学证明，只是根据 2D-圆平均到 3D-圆平均的推广以及相关数值实验说明本章方法的可行性。

参 考 文 献

[1] 刘艳. 带法向约束的细分曲线曲面设计. 杭州: 浙江工业大学, 2022.

[2] Lipovetsky E, Dyn N. Extending editing capabilities of subdivision schemes by refinement of point-normal pairs. Computer-Aided Design, 2020, 126: 102865.

[3] Loop C. Smooth subdivision surfaces based on triangles. Salt Lake City: University of Utah, 1987.

第10章　带法向约束的隐式T样条曲线重建算法

在计算机辅助几何设计和计算机图形学中，用光滑曲线拟合点云是一个非常重要的研究问题[1]。通过激光扫描、X 射线断层成像等先进采样设备获取测量数据，并对其进行数据拟合，可以实现对原模型进行大致的重建及功能恢复。但有些情况下，获取的数据点可能不仅是散乱的坐标信息，还包含一些约束形状的条件，如在光学工程领域对带有法向约束的数据点的处理[2,3]。

与参数曲线相比，隐式曲线不需要对散乱数据点进行参数化，就可以描述具有复杂几何形状的对象，因此受到了广泛的关注。传统的基于 B 样条的隐式曲线重构已得到充分的研究，并且拥有一系列高效、快速和稳定的算法[4-6]。Yang 等[4]提出了一种基于 B 样条的隐式曲线重构模型，该方法能够处理具有复杂拓扑结构的点云。Hamza 等[6]将渐进迭代逼近法应用到隐式 B 样条曲线和曲面重建上，提高了重建结果的质量。但是隐式 B 样条曲线的控制顶点需要整行整列地规则排列，这使得它在局部细分方面存在一定的局限性，会造成控制顶点冗余的现象。Sederberg 等[7,8]提出了 T 样条方法，它允许出现 T 节点，在继承 B 样条曲面优点的基础上，又多了控制顶点较少、局部细分等优势，因此被认为是一种很有前途的技术，在逆向工程等领域得到了广泛的研究。

大量的 T 样条拟合方法已经被提出。Zheng 等[9]首先提出了在 z-map 条件下的 T 样条曲面重构。Wang 等[10]将三角网格转化为 T 样条曲面。随后，Wang 等[11]提出了曲率引导下的 T 样条拟合方法。董伟华等[12]提出了隐式 T 样条曲面，将 T 网格从二维推广至三维，实现曲面重构；唐月红等[13]提出一种新的隐式 T 样条曲面重建算法。近年来，一些快速拟合 T 样条的方法相继被提出。Lin 等[14,15]提出了一种用于拟合大数据集的渐进 T 样条数据拟合算法。渐进拟合方法的迭代速度稳定，且不受未知 T 网格顶点数量增加的影响。Lu 等[16]提出了基于区域分割的 T 样条拟合方法。

基于上述有关 T 样条的研究，本章将 T 样条函数应用到曲线重构问题上，提出了一种带法向约束的隐式 T 样条曲线重构算法。通过结合曲率自适应地调整了采样点的疏密程度，利用加入曲线偏移点和光滑项来消除额外零水平集，同时加入法向项来约束曲线的法向方向，初步得到一条隐式 T 样条曲线。本章还优化了局部细分的算法，对曲线进行局部修正，在降低曲线误差的前提下，减少了插入控制系数的数量，最终得到一条满足数据点和法向约束的隐式 T 样条曲线[17]。

10.1 隐式 T 样条曲线重建算法描述

10.1.1 隐式T样条曲线方程

隐式曲线通过隐函数 $f:\Omega\subset\mathbf{R}^2\to\mathbf{R}$ 表示，其中 $\mathbf{R}$ 表示实数集，则集合 $\boldsymbol{S}=f^{-1}(0)=\{\boldsymbol{p}\in\Omega:f(\boldsymbol{p})=0\}$ 的图像为隐式曲线。若取函数 f 为 T 样条函数，则称 $f^{-1}(0)$ 为隐式 T 样条曲线。

定义在二维 T 网格上的隐式 T 样条曲线方程为

$$f(x,y)=\frac{\sum_{i=1}^{m}c_iB_i(x,y)}{\sum_{i=1}^{m}B_i(x,y)}=0,\quad (x,y)\in\Omega \tag{10.1}$$

其中，c_i 是控制系数；控制系数 c_i 对应的 T 样条基函数 $B_i(x,y)$ 为

$$B_i(x,y)=N[\boldsymbol{s}_i](x)N[\boldsymbol{t}_i](y) \tag{10.2}$$

其中，$N[\boldsymbol{s}_i](x)$ 和 $N[\boldsymbol{t}_i](y)$ 是三次 B 样条基函数，相应的节点向量为 $\boldsymbol{s}_i=[s_{i0},s_{i1},\cdots,s_{i4}]$ 和 $\boldsymbol{t}_i=[t_{i0},t_{i1},\cdots,t_{i4}]$。此时，$N[\boldsymbol{s}_i](x)$ 可写成

$$N[\boldsymbol{s}_i](x)=\begin{cases}\dfrac{1}{a_0}A_0(x), & x\in[s_{i0},s_{i1})\\ \dfrac{1}{b_0}B_0(x)+\dfrac{1}{b_1}B_1(x)+\dfrac{1}{b_2}B_2(x), & x\in[s_{i1},s_{i2})\\ \dfrac{1}{c_0}C_0(x)+\dfrac{1}{c_1}C_1(x)+\dfrac{1}{c_2}C_2(x), & x\in[s_{i2},s_{i3})\\ \dfrac{1}{d_0}D_0(x), & x\in[s_{i3},s_{i4})\\ 0, & 其他\end{cases}$$

这里

$$\begin{cases}a_0=(s_{i1}-s_{i0})(s_{i2}-s_{i0})(s_{i3}-s_{i0})\\ b_0=-(s_{i2}-s_{i1})(s_{i3}-s_{i0})(s_{i2}-s_{i0})\\ b_1=-(s_{i2}-s_{i1})(s_{i3}-s_{i1})(s_{i3}-s_{i0})\\ b_2=-(s_{i2}-s_{i1})(s_{i4}-s_{i1})(s_{i3}-s_{i1})\\ c_0=(s_{i3}-s_{i2})(s_{i3}-s_{i1})(s_{i3}-s_{i0})\\ c_1=(s_{i3}-s_{i2})(s_{i4}-s_{i1})(s_{i3}-s_{i1})\\ c_2=(s_{i3}-s_{i2})(s_{i4}-s_{i2})(s_{i4}-s_{i1})\\ d_0=-(s_{i4}-s_{i3})(s_{i4}-s_{i2})(s_{i4}-s_{i1})\end{cases}$$

$$\begin{cases}A_0(x)=(x-s_{i0})^3\\ B_0(x)=(x-s_{i0})^2(x-s_{i2})\\ B_1(x)=(x-s_{i0})(x-s_{i1})(x-s_{i3})\\ B_2(x)=(x-s_{i1})^2(x-s_{i4})\\ C_0(x)=(x-s_{i0})(x-s_{i3})^2\\ C_1(x)=(x-s_{i1})(x-s_{i3})(x-s_{i4})\\ C_2(x)=(x-s_{i2})(x-s_{i4})^2\\ D_0(x)=(x-s_{i4})^3\end{cases}$$

由式（10.1）确定的二元函数 $f(x,y)$ 称为隐式 T 样条函数，由 $f^{-1}(0)$ 所定义的曲线称为隐式 T 样条曲线。

10.1.2　曲线重建算法

给定 n 个二维空间中的散乱数据点集 $\boldsymbol{P}=\{\boldsymbol{p}_i=(x_i,y_i),i=1,2,\cdots,n\}$，且对

于每个数据点带有一个有向的单位法向量 $\boldsymbol{N}=\{\boldsymbol{n}_i, i=1,2,\cdots,n\}$，现需要找到一条隐式 T 样条曲线 $f(x,y)=0$ 去逼近给定的数据点且对于数据点在曲线上的对应位置满足法向约束条件，即 $f(x_i,y_i)=0$ 且 $\nabla f(x_i,y_i)=\boldsymbol{n}_i$，$i=1,2,\cdots,n$。为了避免平凡解 $f=0$，我们在数据点集中加入一些额外的偏移点作为辅助点 $\{\boldsymbol{p}_l=(x_l,y_l), l=n+1,n+2,\cdots,N\}$。假定 d_l 为偏移点 $\boldsymbol{p}_l$ 到曲线上最近点 $\boldsymbol{p}_k$ 的有向距离，即 $\boldsymbol{p}_l=\boldsymbol{p}_k+d_l\boldsymbol{n}_k$，此时隐函数在偏移点处的方程可写成

$$f(x_l,y_l)=d_l,\quad l=n+1,n+2,\cdots,N \tag{10.3}$$

令 $\boldsymbol{v}_i$ 表示曲线在 $\boldsymbol{p}_i$ 处的单位切向量，显然

$$\boldsymbol{v}_i\cdot\boldsymbol{n}_i=0,\quad i=1,2,\cdots,n$$

由此可以得到 n 个单位切向量 $\boldsymbol{v}_i$ 的值。于是问题转化为要求函数 f 满足：

$$\begin{cases} f(x_i,y_i)=0, & i=1,2,\cdots,n \\ f(x_i,y_i)=d_i\neq 0, & i=n+1,n+2,\cdots,N \\ \nabla f(x_i,y_i)\boldsymbol{v}_i=0, & i=1,2,\cdots,n \end{cases} \tag{10.4}$$

基于以上内容，可以得到隐式 T 样条曲线重建算法（算法 10.1）。

算法 10.1　隐式 T 样条曲线重建算法

输入：散乱数据点集 $\boldsymbol{p}_i$ 和对应的单位法向量 $\boldsymbol{n}_i$，$i=1,2,\cdots,n$。

输出：T 网格和网格点对应的控制系数。

Step1：对输入的数据进行预处理，通过曲率自适应调整采样点的疏密程度，利用单位法向量加入偏移点作为辅助点，同时求出每个数据点的单位切向量。

Step2：利用二叉树对数据点进行细分，自动生成合理的二维 T 网格。给 T 网格的每条边赋予一个节点区间值，同时给 T 网格的边界加入相应的虚边，并给虚边赋予一个非负值。

Step3：利用 T 网格获取网格上每个点的局部坐标系，从而得到每个控制系数对应的节点向量，进而得到 T 样条基函数。

Step4：建立合适的优化模型，并用最小二乘法求得 T 样条的控制系数，获得隐式 T 样条曲线。

Step5：对得到的隐式 T 样条曲线与给定的数据点集和单位法向量进行分析，判断是否达到精度要求。在误差较大的区域插入新的控制系数进行修正，然后更新节点向量，转 Step4，直到满足精度要求。

10.2　构造二维 T 网格

隐式 T 样条应用到曲线重建的关键问题是构造合理的二维 T 网格，使其控制系数满足一定的拓扑关系。

T 样条是允许出现 T 节点的矩形网格，它的控制网格的顶点不要求整行整列地排列，因此构造 T 网格时可以在数据点密集的地方多插入控制系数，在数据点稀疏的地方少插入控制系数，这使得 T 网格相比于 B 样条的控制网格大大减少了网格点的数量，在保证类似精度的前提下提高了重建曲线的效率。本节在二维平面上利用二叉树方法进行细分的步骤如下。

（1）定义一个细分的最大次数和一个阈值，其中，阈值表示每个矩形块中允许包含的最大点数。

（2）计算每个矩形块中包含的数据点数量，若某个矩形块包含的数据点个数大于给定的阈值，则对其进行细分。具体来说，假定该矩形块的左下角坐标为$(s_{\min},t_{\min})$，右上角坐标为$(s_{\max},t_{\max})$，而 T 网格s方向的长度为s_m，t方向上的长度为t_m。如果$(s_{\max}-s_{\min})/s_m \geqslant (t_{\max}-t_{\min})/t_m$，那么在矩形块$s=[(s_{\max}+s_{\min})/2]$处将矩形块分成两块，这里[ ]表示取整函数；否则，在$t=[(t_{\max}+t_{\min})/2]$处细分矩形块。

（3）重复步骤（2），直到每个矩形块包含的点数小于阈值或者达到最大的细分次数。

（4）输出细分后得到的 T 网格。

通过细分得到的 T 网格，在记录的时候不仅要保存 T 网格每个顶点的坐标，还需要通过节点区间值得到每个顶点对应的局部坐标系。

下面给出了用平面二叉树细分来生成二维 T 网格的例子。图 10.1 是由一条封闭曲线构造的 T 网格。其中图 10.1（a）是曲线的初始采样点，包含

466 个数据点；图 10.1（b）是通过上面的方法构造的 T 网格，包含 131 个网格点。

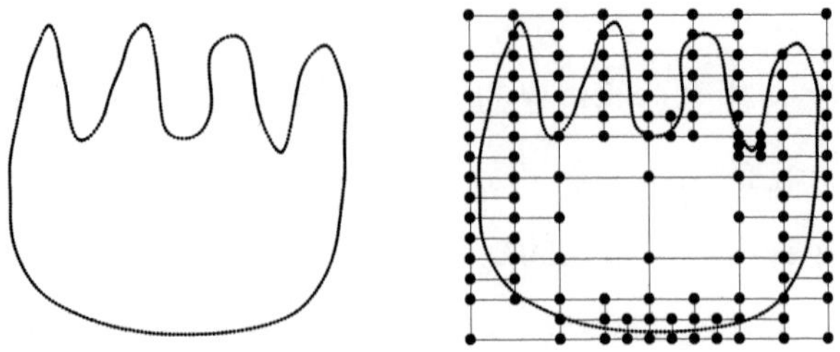

（a）初始的采样点　　（b）二维T网格

图 10.1　二维 T 网格构造

构造二维 T 网格后，因为每个控制系数 c_i 都对应 T 网格上的各个网格顶点，所以可以得到控制系数 c_i 的数量。然后通过 T 网格获得每个控制系数对应的节点向量 $\boldsymbol{s}_i, \boldsymbol{t}_i$，从而确定控制系数的基函数。在构造 T 网格后，保存网格顶点、边、节点区间值以及每个小矩形块的信息，以便后面对 T 网格进行局部修正。

10.3　模型拟合

通过 10.2 节的 T 网格构造，已经得到了每个控制系数对应的基函数，下面需要找到合适的隐式 T 样条函数 f 满足式（10.4）中的条件。显然，待求的未知数即控制系数的数量远远少于条件中给出的方程的个数，因此需要建立合适的优化模型，从而找到在某种意义下的最优解。此时，隐式曲线重构问题转化为最小值优化问题，即可得到下面的目标方程：

$$E_{\text{fit}}(\boldsymbol{c}) = E_p(\boldsymbol{c}) + \omega_1 E_N(\boldsymbol{c}) + \omega_2 E_G(\boldsymbol{c}) \tag{10.5}$$

其中，$\boldsymbol{c} = [c_1, c_2, \cdots, c_m]^{\mathrm{T}}$ 为 T 网格中待求的控制系数，$E_p(\boldsymbol{c})$ 表示拟合误差平方和；$E_N(\boldsymbol{c})$ 表示法向项，ω_1 为法向项权值；$E_G(\boldsymbol{c})$ 表示光滑项，ω_2 为光滑项系数。这里，$E_p(\boldsymbol{c})$ 可以表示为

$$E_p(\boldsymbol{c})=\sum_{j=1}^{n}\left[f(\boldsymbol{p}_j)\right]^2+\sum_{j=n+1}^{N}\left[f(\boldsymbol{p}_j)-d_j\right]^2$$
$$=\boldsymbol{c}^{\mathrm{T}}\boldsymbol{L}^{\mathrm{T}}\boldsymbol{L}\boldsymbol{c}-2\boldsymbol{c}^{\mathrm{T}}\boldsymbol{H}+\sum_{j=n+1}^{N}d_j^2$$

其中，d_j为偏移点$\boldsymbol{p}_j$到曲线上最近点$\boldsymbol{p}_k$的有向距离；矩阵$\boldsymbol{L}=\left(l_{st}\right)_{N\times m}$，$l_{st}$表示为$B_t(x_s,y_s)$；$\boldsymbol{H}$是一个$m\times 1$的向量，它的每一项$h_i=\sum_{j=n+1}^{N}d_jB_i(x_j,y_j)$，$i=1,2,\cdots,m$。

$E_N(\boldsymbol{c})$可以表示为

$$E_N(\boldsymbol{c})=\sum_{j=1}^{n}\left[\nabla f(\boldsymbol{p}_j)\cdot\boldsymbol{v}_j\right]^2=\sum_{j=1}^{n}[f_x(\boldsymbol{p}_j)\cdot v_{jx}+f_y(\boldsymbol{p}_j)\cdot v_{jy}]^2$$
$$=\boldsymbol{c}^{\mathrm{T}}\boldsymbol{A}_x{}^{\mathrm{T}}\boldsymbol{A}_x\boldsymbol{c}+2\boldsymbol{c}^{\mathrm{T}}\boldsymbol{A}_x{}^{\mathrm{T}}\boldsymbol{A}_y\boldsymbol{c}+\boldsymbol{c}^{\mathrm{T}}\boldsymbol{A}_y{}^{\mathrm{T}}\boldsymbol{A}_y\boldsymbol{c}$$

其中，∇f表示函数f的梯度；f_x和f_y分别表示函数f对x和y求偏导数；$\boldsymbol{v}_j=(v_{jx},v_{jy})^{\mathrm{T}}$为数据点$\boldsymbol{p}_j$对应的单位切向量；矩阵$\boldsymbol{A}_x=(a_x)_{n\times m}$，$\boldsymbol{A}_y=(a_y)_{n\times m}$，其中，矩阵$\boldsymbol{A}_x$和$\boldsymbol{A}_y$的元素分别为

$$(a_x)_{st}=\frac{\partial B_t(x_s,y_s)}{\partial x}v_{tx}，\quad (a_y)_{st}=\frac{\partial B_t(x_s,y_s)}{\partial y}v_{ty}，\quad s=1,2,\cdots,n，\quad t=1,2,\cdots,m$$

$E_G(\boldsymbol{c})$可以表示为

$$E_G(\boldsymbol{c})=\sum_{j=1}^{n}[f_{xx}^2(x_j,y_j)+2f_{xy}^2(x_j,y_j)+f_{yy}^2(x_j,y_j)]$$
$$=\boldsymbol{c}^{\mathrm{T}}\boldsymbol{O}^{\mathrm{T}}\boldsymbol{O}\boldsymbol{c}+2\boldsymbol{c}^{\mathrm{T}}\boldsymbol{P}^{\mathrm{T}}\boldsymbol{P}\boldsymbol{c}+\boldsymbol{c}^{\mathrm{T}}\boldsymbol{Q}^{\mathrm{T}}\boldsymbol{Q}\boldsymbol{c}$$

其中，f_{xx}和f_{yy}分别表示函数f对x和y求二次偏导数，f_{xy}表示函数f的二阶混合偏导数；矩阵$\boldsymbol{O}=(o_{st})_{n\times m}$，$\boldsymbol{P}=(p_{st})_{n\times m}$，$\boldsymbol{Q}=(q_{st})_{n\times m}$，三个矩阵中的元素分别为

$$o_{st}=\frac{\partial^2 B_t(x_s,y_s)}{\partial x^2}，\quad p_{st}=\frac{\partial^2 B_t(x_s,y_s)}{\partial x\partial y}，\quad q_{st}=\frac{\partial^2 B_t(x_s,y_s)}{\partial y^2}，$$
$$s=1,2,\cdots,n，\quad t=1,2,\cdots,m$$

为了求解优化问题，我们将式（10.5）的目标函数对控制系数$\boldsymbol{c}$的每个分量求偏导，并使其等于零，即

$$\frac{\partial E_{\text{fit}}(\boldsymbol{c})}{\partial c_k}=0,\ k=1,2,\cdots,m \tag{10.6}$$

此时，问题转化为求解：

$$[\boldsymbol{L}^{\mathrm{T}}\boldsymbol{L}+\omega_1(\boldsymbol{A}_x{}^{\mathrm{T}}\boldsymbol{A}_x+\boldsymbol{A}_x{}^{\mathrm{T}}\boldsymbol{A}_y+\boldsymbol{A}_y{}^{\mathrm{T}}\boldsymbol{A}_x+\boldsymbol{A}_y{}^{\mathrm{T}}\boldsymbol{A}_y)+\omega_2(\boldsymbol{O}^{\mathrm{T}}\boldsymbol{O}+\boldsymbol{P}^{\mathrm{T}}\boldsymbol{P}+\boldsymbol{Q}^{\mathrm{T}}\boldsymbol{Q})]\boldsymbol{c}=\boldsymbol{H} \tag{10.7}$$

解该线性方程组即可得到T网格中控制系数的值，从而得到隐式T样条曲线。

10.4　T网格局部细分

通过10.3节的拟合模型，得到了一条隐式T样条曲线，下面将检测拟合结果是否令人满意。我们用公式$\Delta_{p_i}=\frac{|f(\boldsymbol{p}_i)|}{\|\nabla f(\boldsymbol{p}_i)\|}$来计算每个采样点$\boldsymbol{p}_i$的拟合误差，用$\Delta_{n_i}=\arccos\left(\frac{\nabla f(\boldsymbol{p}_i)\cdot\boldsymbol{n}_i}{\|\nabla f(\boldsymbol{p}_i)\|}\right)$计算隐式T样条曲线在采样点$\boldsymbol{p}_i$处的法向与给定的法向约束的误差，此时$\Delta_i=\Delta_{p_i}+\lambda\cdot\Delta_{n_i}$表示曲线在$\boldsymbol{p}_i$处的总误差，其中$\lambda$表示数据点误差和法向误差之间的权重关系。本节局部细分的算法（算法10.2）如下。

算法10.2　局部细分的算法

（1）给定一个容许误差$\sigma>0$，细分比率α和一个阈值z，这里的阈值小于上面构造T网格时给定的阈值。

（2）计算每个采样点$\boldsymbol{p}_i$对应的误差Δ_i，若所有采样点的误差均小于容许误差σ，则此时的隐式T样条曲线即为最终的曲线，循环终止；否则，找到误差不满足的采样点分别处于哪些矩阵块中，转步骤（3）。

（3）计算需要细分的矩形块中包含的数据点的数量，若某矩形块的数据点数量小于给定阈值z，则将该矩形块排除需要细分的序列。

（4）统计需要细分的矩形块的总数量，乘上细分比率α后的值μ即为实际细分的数量。根据矩形块包含数据点的最大误差对矩形块从大到小进行排序，此时，对前μ个矩形块细分。

（5）更新T样条基函数，重新反求控制系数，得到新的隐式T样条曲线。

（6）重复步骤（2）~步骤（5），直到循环结束。输出T网格和相应的控制系数。

10.5　实验与比较

选取了 3 个封闭曲线实例（例 10.1～例 10.3）进行隐式 T 样条曲线重建算法研究。首先结合曲率自适应地调整采样点的疏密程度，然后进行曲线重构。由于之前有关 T 样条重构的论文大多集中在曲面上，因此首先将文献[12]和[13]中隐式 T 样条曲面重建方法应用到隐式 T 样条曲线上，作为方案 1 和方案 2。然后将两种方案与本章提出的算法进行比较。其中，方案 1 是通过添加隐函数对 x,y 求偏导，其值分别等于法向分量的方程组来避免奇异解，重构隐式 T 样条函数[12]；方案 2 是通过添加偏移点来构造隐式函数[13]。图 10.2 是例 10.1 凹形曲线的重建，其中，图 10.2（a）是初始采样点显示的曲线，图 10.2（b）是构造的二维 T 网格，图 10.2（c）和（d）是分别用方案 1 和本章方法重构的曲线。图 10.3 是例 10.2 的曲线的重建，图 10.4 是例 10.3 手型曲线的重建，其中各个分图的意义同图 10.2。

从图 10.2～图 10.4 可以发现，虽然本章方法和方案 1 都重构出了隐式 T 样条曲线，但是方案 1 的方法会产生一些额外的零水平集，破坏重构效果。

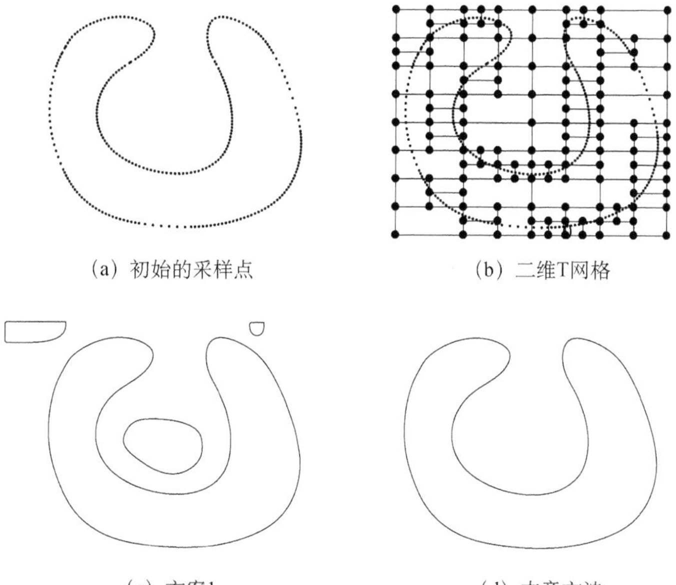

（a）初始的采样点　（b）二维T网格

（c）方案1　（d）本章方法

图 10.2　例 10.1 曲线模型拟合

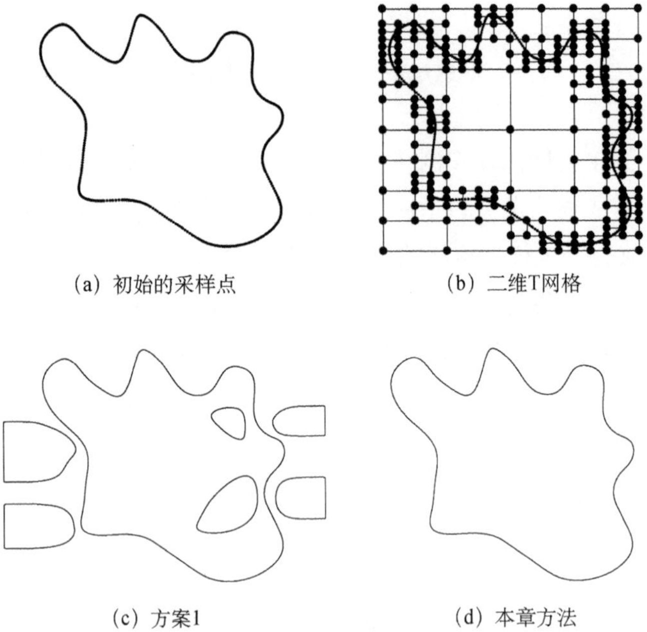

(a) 初始的采样点　　(b) 二维T网格

(c) 方案1　　(d) 本章方法

图 10.3　例 10.2 曲线模型拟合

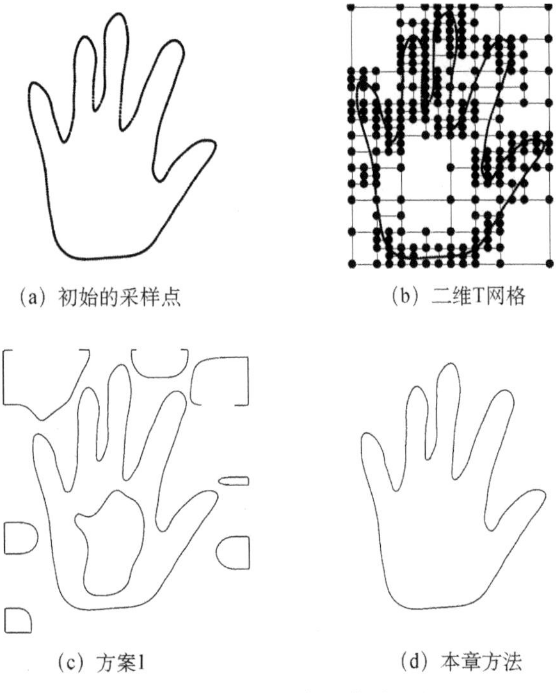

(a) 初始的采样点　　(b) 二维T网格

(c) 方案1　　(d) 本章方法

图 10.4　例 10.3 曲线模型拟合

将本章提出的方法与方案 1、方案 2 的方法进行比较，比较的结果如表 10.1～表 10.3 所示。从表 10.1～表 10.3 可以看出，三种方法在数据点处的误差相差不大，但是本章方法在法向误差处无论是平均误差还是最大误差都是最小的。方案 1 的方法虽然也能约束法向，但是误差没有本章方法小，同时会产生零水平集。方案 2 的方法重构曲率变化较小的曲线时，法向误差与方案 1 差不多，但在实现曲率变化较大的曲线，如例 10.3 的手形曲线时不能有效的约束法向，从表 10.3 可以看到方案 2 的法向误差较大。本章方法对输入的数据点要求采样密集，当数据点比较稀疏时，对例 10.1 这种比较简单的曲线影响不大，但对比较复杂的曲线在曲率变化较大的位置将无法较好地约束法向误差。

表 10.1　例 10.1 曲线的数据点误差和法向误差比较

方法	数据点误差		法向误差	
	平均误差	最大误差	平均误差	最大误差
方案 1	1.44×10^{-4}	1.09×10^{-3}	4.28×10^{-3}	2.55×10^{-2}
方案 2	4.90×10^{-5}	1.32×10^{-3}	2.05×10^{-3}	3.94×10^{-2}
本章方法	4.24×10^{-5}	2.85×10^{-4}	$\mathbf{1.57\times10^{-4}}$	$\mathbf{4.13\times10^{-3}}$

注：加粗字体表示法向误差最优结果。

表 10.2　例 10.2 曲线的数据点误差和法向误差比较

方法	数据点误差		法向误差	
	平均误差	最大误差	平均误差	最大误差
方案 1	8.15×10^{-5}	1.15×10^{-3}	3.42×10^{-3}	2.96×10^{-2}
方案 2	1.28×10^{-4}	1.22×10^{-3}	3.49×10^{-3}	3.92×10^{-2}
本章方法	7.26×10^{-5}	7.70×10^{-4}	$\mathbf{5.69\times10^{-4}}$	$\mathbf{5.33\times10^{-3}}$

注：加粗字体表示法向误差最优结果。

表 10.3　例 10.3 曲线的数据点误差和法向误差比较

方法	数据点误差		法向误差	
	平均误差	最大误差	平均误差	最大误差
方案 1	7.01×10^{-4}	7.37×10^{-3}	1.80×10^{-3}	3.23×10^{-2}
方案 2	4.42×10^{-4}	8.07×10^{-3}	1.86×10^{-2}	2.12×10^{-1}
本章方法	6.48×10^{-4}	7.91×10^{-3}	$\mathbf{4.72\times10^{-4}}$	$\mathbf{4.76\times10^{-3}}$

注：加粗字体表示法向误差最优结果。

隐式 B 样条需要大量多余的控制顶点来满足拓扑约束，而隐式 T 样条曲线可以大大减少多余的网格点的数量。表 10.4 给出了三个曲线例子关于 B 样条网格与 T 网格顶点数的比较，其中包括每个曲线采样的数据点数、网格在两个方向上的节点数以及控制顶点数。可以看出，三条曲线的 T 网格顶点数均小于 B 样条控制顶点数，从而大大减少了运算量。

表 10.4　B 样条控制顶点数与 T 网格顶点数的比较

曲线	数据点数	s-节点数	t-节点数	控制顶点数	
				B 样条网格	T 网格
例 10.1 曲线	281	14	17	238	**133**
例 10.2 曲线	593	17	30	510	**203**
例 10.3 曲线	726	17	31	527	**248**

注：加粗字体表示本章算法的网格顶点数。

10.6　本 章 小 结

本章针对带有法向约束的离散数据点集提出了一种有效的隐式 T 样条曲线重建算法，较好地实现了三个封闭曲线实例的重建。实验结果表明，本章通过加入曲线偏移点作为辅助点和在拟合模型中加入了光滑项方法，成功消除了额外零水平集，提高了重构曲线的质量。此外，通过在模型中加入法向项约束，重构的曲线会在逼近数据点的同时满足数据点处的法向约束。本章还优化了局部细分的算法，引入了细分比率这一概念，减少了插入控制系数的数量，提高了运算速度。本章将两种隐式 T 样条曲面重构的方法应用到曲线重构上，然后与本章的隐式 T 样条曲线重构方法进行比较。可以发现，在数据点误差精度相差不大的情况下，本章方法在法向误差精度上有了显著的提高，而法向误差在光学反射曲线曲面设计等领域有着重要的作用。

此外，本章将隐式 T 样条曲线的网格与隐式 B 样条的网格顶点数量进行比较，在两种控制网格的相同位置插入控制顶点时，由于隐式 B 样条曲线的网格需要大量多余的控制顶点来满足拓扑约束，实验结果显示，隐式 T 样条的网格顶点数只有 B 样条网格的一半左右。

总之，实验数据和重建的效果图显示，本章方法较好地解决了带法向约束的隐式T样条曲线重建的问题。但仍有不足之处，有待进一步研究。第一，本章方法在重建不光滑的曲线如心形线时，在尖锐点附近无法对法向进行有效约束，有较大的误差；第二，本章方法对数据点要求密集，若数据点比较稀疏，则在曲线曲率变化较大的位置将无法较好地约束法向误差。

参 考 文 献

[1] Tamás V, Martin R, Cox J. Reverse engineering of geometric models-An introduction. Computer-Aided Design, 1997, 29(4): 255-268.

[2] 胡良臣, 寿华好. PSO 求解带法向约束的 B 样条曲线逼近问题. 计算机辅助设计与图形学学报, 2016, 28(9): 1443-1450.

[3] 胡巧莉, 寿华好. 带法向约束的 3 次均匀 B 样条曲线插值. 浙江大学学报(理学版), 2014, 41(6): 619-623.

[4] Yang Z, Deng J, Chen F. Fitting unorganized point clouds with active implicit B-spline curves. The Visual Computer, 2005, 21(8-10):831-839.

[5] Liu Y, Yang Z, Deng J, et al. Implicit surface reconstruction with total variation regularization. Computer Aided Geometric Design, 2017, 52-53(3-4):135-153.

[6] Hamza Y, Lin H, Li Z. Implicit progressive-iterative approximation for curve and surface reconstruction. Computer Aided Geometric Design, 2020, 77(2): 101817.1-101817.15.

[7] Sederberg T W, Zheng J, Bakenov A, et al. T-splines and T-NURCCs. ACM Transactions on Graphics, 2003, 22(3):477-484.

[8] Sederberg T, Cardon D, Finnigan G, et al. T-spline simplification and local refinement. ACM Transactions on Graphics, 2004, 23(3):276-283.

[9] Zheng J, Wang Y, Seah H. Adaptive T-spline surface fitting to z-map models. Proceedings of the 3rd International Conference on Computer Graphics and Interactive Techniques in Australasia and Southeast Asia, Dunedin, 2005.

[10] Wang Y, Zheng J. Adaptive T-spline surface approximation of triangular meshes.

Proceedings of the International Conference on Information, Communications & Signal Processing, Singapore, 2007.

[11] Wang Y, Zheng J. Curvature-guided adaptive T-spline surface fitting. Computer-Aided Design, 2013, 45(8-9):1095-1107.

[12] 童伟华, 冯玉瑜, 陈发来. 基于隐式T样条的曲面重构算法. 计算机辅助设计与图形学学报, 2006, 18(3):358-365.

[13] 唐月红, 李秀娟, 程泽铭, 等. 隐式T样条实现封闭曲面重建. 计算机辅助设计与图形学学报, 2011, 23(2):270-275.

[14] Lin H. Adaptive data fitting by the progressive-iterative approximation. Computer Aided Geometric Design,2012,29(7):463-473.

[15] Lin H, Zhang Z. An efficient method for fitting large data sets using T-splines. SIAM Journal on Scientific Computing, 2013, 35(6): 3025-3068.

[16] Lu Z, Jiang X, Huo G, et al. A fast T-spline fitting method based on efficient region segmentation. Computational and Applied Mathematics, 2020, 39(2):1-19.

[17] 任浩杰, 寿华好, 莫佳慧, 等. 带法向约束的隐式T样条曲线重构. 中国图象图形学报, 2022, 27(4):1314-1321.

第11章　带法向约束的T样条曲面重建算法

T 样条曲面可以看作是一个允许出现 T 节点的 B 样条曲面，在继承 B 样条曲面优点的基础上，又多了控制顶点较少、局部细分等优势，因此被认为是一种很有前途的技术，在逆向工程等领域得到了广泛的研究。如今有关 T 样条技术的研究十分活跃，大量的 T 样条曲面拟合方法已经被提出。但有些情况下，我们获取的数据点可能不仅是散乱的坐标信息，还包含一些约束形状的条件，如在光学工程领域对带有法向约束的数据点的处理。本章将 T 样条技术应用到光学反射面上，提出了一种基于自由光学曲面场景下的带法向约束的 T 样条曲面重构算法。本章首先利用支撑二次曲面法（SQM）求得初始支撑曲面；再由支撑曲面获得关键的数据点和相应的法向约束；最后基于 T 样条对获得的数据点进行拟合，从而得到一张光滑的 T 样条曲面。本章在生成 SQM 子面时提出一套解析与数值方法相结合的求解思路，大大减少了运算时间。同时在生成 T 样条曲面时加入了法向项，在保证数据点误差的前提下减少了法向误差[1]。

11.1　理论与方法

11.1.1　二次支撑曲面方法

本章采用 SQM 中的支撑椭球面法（SEM）来获得初始二次支撑面。椭球面有两个焦点，将光源放置在椭球面的一个焦点位置，光源发出的光线经过椭球面内表面反射必定会落到椭球面的另一个焦点位置处，如图 11.1 所示。椭球面的两个焦点分别为 $\boldsymbol{O}$ 和 $\boldsymbol{T}$，选取椭球面上任意一点 $\boldsymbol{P}$，根据椭球面的几何性质，有：

$$|\boldsymbol{OP}|+|\boldsymbol{PT}|=\rho+t=K \tag{11.1}$$

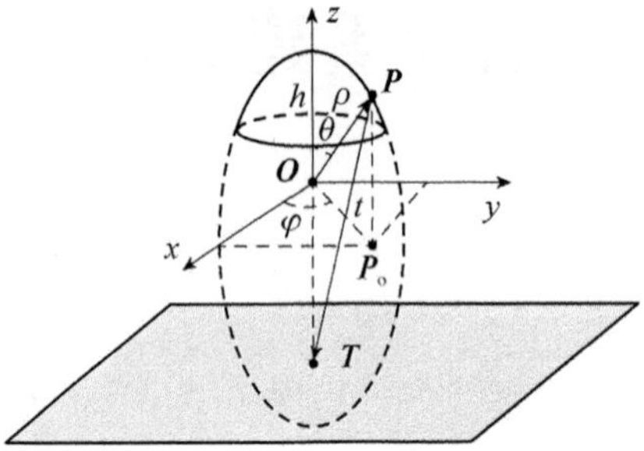

图 11.1 球坐标系下椭球面

图 11.1 中 ρ 为椭球面上任意一点 $\boldsymbol{P}$ 到焦点的距离，h 为椭球面顶点到原点的距离，$f=|\boldsymbol{OT}|$ 为焦距，椭球面的光程常数 K 为椭球面上任意一点到椭球面两焦点的距离之和，则三维球坐标下参数化椭球面方程为

$$\rho(\theta,\varphi)=\frac{K^2-f^2}{2K-2\xi} \tag{11.2}$$

其中，θ 为从 $\boldsymbol{O}$ 指向 $\boldsymbol{P}$ 的向量 $\boldsymbol{OP}$ 与 z 轴正向的夹角，则 $\theta\in[0,\pi/2]$；φ 为向量 $\boldsymbol{OP}$ 在平面 xOy 上的投影与 x 轴正向的夹角，则 $\varphi\in[0,2\pi]$；ξ 计算公式为

$$\xi=\left(x_T\sin\theta\cos\varphi+y_T\sin\theta\sin\varphi+z_T\cos\theta\right)$$

其中，x_T 表示 $\boldsymbol{T}$ 的 x 分量；y_T, z_T 同理。

由于椭球一个焦点始终为原点 $\boldsymbol{O}$，故而可以用椭球另一焦点 $\boldsymbol{T}$ 和对应的 K 来表示不同椭球。对于中心椭球子面 TK_0 和其相邻的椭球子面 TK_i，两个椭球子面的交线轨迹方程为

$$\rho_0(\theta,\varphi)=\rho_i(\theta,\varphi) \tag{11.3}$$

将式（11.2）代入式（11.3）两边，可得

$$\begin{aligned}K_iA_0-K_0A_i=&\left(A_0x_{T_i}-A_ix_{T_0}\right)\sin\theta\cos\varphi+\left(A_0y_{T_i}-A_iy_{T_0}\right)\sin\theta\sin\varphi\\&+\left(A_0z_{T_i}-A_iz_{T_0}\right)\cos\theta\end{aligned} \tag{11.4}$$

其中，$A_0=K_0^2-f_0^2$；$A_i=K_i^2-f_i^2$。求解式（11.4）可得球坐标系下的交线轨迹方程为

$$\theta=\sin^{-1}\alpha-\beta \tag{11.5}$$

其中

$$\alpha=\frac{d_i-c_i\cos\theta}{\sqrt{a_i^2+b_i^2}\sin\theta}$$

其中，$d_i=K_iA_0-K_0A_i$，$a_i=\left(A_0x_{T_i}-A_ix_{T_0}\right)$，$b_i=\left(A_0y_{T_i}-A_iy_{T_0}\right)$，$c_i=(A_0z_{T_i}-A_iz_{T_2})$。如果 $b_i>0$，则 $\beta=\tan^{-1}(a_i/b_i)$；如果 $b_i<0$，则 $\beta=\tan^{-1}(a_i/b_i)+\pi$。

此时，K 值分别为 K_0,K_1,K_2 的三个椭球子面的交点可通过求解以下方程组得到：

$$\begin{cases}d_1=a_1\sin\theta\cos\varphi+b_1\sin\theta\sin\varphi+c_1\cos\theta\\d_2=a_2\sin\theta\cos\varphi+b_2\sin\theta\sin\varphi+c_2\cos\theta\end{cases}\tag{11.6}$$

化简消去上面的方程组中的 θ，可以得到新的方程：

$$u_1\cos2\varphi+u_2\sin2\varphi=u_3\tag{11.7}$$

其中

$$u_1=\frac{\left(t_1^2-s_1^2\right)-\left(t_2^2-s_2^2\right)}{2},\quad u_2=t_1t_2-s_1s_2,\quad u_3=m^2-\frac{t_1^2-s_1^2+t_2^2-s_2^2}{2}$$

其中，$t_1=a_1c_2-a_2c_1$，$t_2=b_1c_2-b_2c_1$，$s_1=a_1d_2-a_2d_1$，$s_2=b_1d_2-b_2d_1$，$m=c_2d_1-c_1d_2$。

求解式（11.7），即得到三个椭球子面交点 (φ,θ) 的 φ，可以表示为

$$\varphi=\frac{\sin^{-1}h-r}{2}+k\pi$$

或

$$\varphi=\frac{\pi-\sin^{-1}h-r}{2}+k\pi\tag{11.8}$$

其中，$h=u_3\Big/\sqrt{u_1^2+u_2^2}$，如果 $u_1/u_2>0$，则 $r=\tan^{-1}\left(u_1/u_2\right)$，如果 $u_1/u_2<0$，则 $r=\tan^{-1}\left(u_1/u_2\right)+\pi$；可取 $k=-2,-1,0,1,2$，使得 $\varphi\in[0,2\pi]$。

将式（11.8）代入式（11.6）的两个方程中，即可得到对应的 θ。筛选出在 $[0,\pi/2]$ 内的 θ 值，即得到三个椭球子面的球坐标交点 (φ,θ)。

11.1.2　椭球子面的光通量求解

11.1.1 节给出了在球坐标下求解三个椭球子面交点的解析表示，本小节将利用这个方法来计算被分割后的椭球子面的光通量。以 11×11 椭球子面

$(TK)_{i,j}(i=1,2,\cdots,11; j=1,2,\cdots,11)$ 选取点集为例，图 11.2 给出了其各子面交点分布图。其中，图（a）是基于球坐标给出的，相互围成的每小块对应于 11×11 椭球子面 $(TK)_{i,j}$ 的一部分；图（b）是基于笛卡儿坐标给出的，用蓝色和绿色分别相间的每小块也对应于 11×11 椭球子面 $(TK)_{i,j}$ 的一部分。

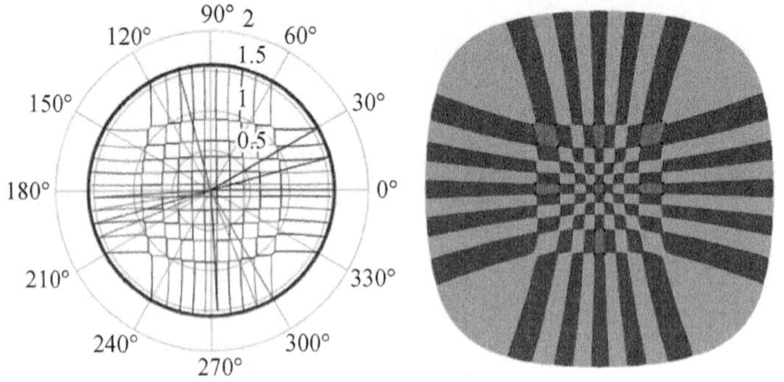

(a)　　(b)

图 11.2　11×11 椭球子面交点分布图（见彩图）

根据子面位置分布，各子面上交点分布和个数不尽相同，在 11×11 椭球子面 $(TK)_{i,j}$ 内的中间 9×9 椭球子面上，除中心子面 $(TK)_{6,6}$ 上有 8 个交点外，其余中间子面上均为 6 个交点。根据图 11.2（b）粉色子面所示的 7 种交点分布情况，通过平移和旋转投影到 xOy 平面，可归纳为 3 种情况，见图 11.3。

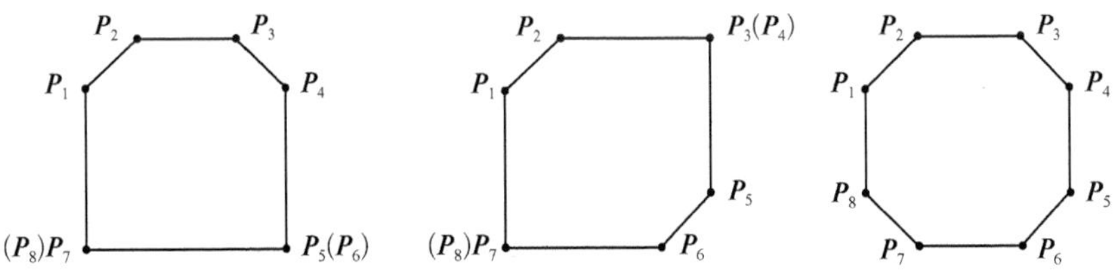

(a)　　(b)　　(c)

图 11.3　11×11 椭球子面交点分布类型

在球坐标系下用图 11.2 所示模型来计算子面区域内的光通量，每个子面区域 Ω 是由位于 xOy 平面上的投影 U 在球心位于原点的单位球面上反构而成的。而投影 U 是在 xOy 平面上的投影如图 11.2（a）所示。

针对朗伯光源，光通量可由式（11.9）求得

$$\begin{aligned}\varPhi &= \iint I_0 \cos\theta \sin\theta \mathrm{d}\varphi \mathrm{d}\theta \\ &= I_0 \int_{\theta_1}^{\theta_2} \int_{\varphi_1(\theta)}^{\varphi_2(\theta)} \mathrm{d}\varphi \cos\theta \sin\theta \mathrm{d}\theta\end{aligned} \tag{11.9}$$

其中，I_0是光线垂直入射光源表面时的光强。我们先找到椭球面交线边界的最小φ值；再取其极小的一段，记为$d=\Delta\varphi$，当d十分小时，可以把φ视为一个定值；最后找到这个φ对应的两条交线，运用式（11.5）求出与这个φ对应的两个θ值，分别记为θ_1和θ_2。此时式（11.9）可化简为

$$\begin{aligned}\varPhi &= \sum_{i=1}^{n} I_0 d \int_{\theta_1}^{\theta_2} \cos\theta \sin\theta \mathrm{d}\theta \\ &= \sum_{i=1}^{n} \frac{I_0 d(\cos 2\theta_{i1} - \cos 2\theta_{i2})}{4}\end{aligned} \tag{11.10}$$

通过上面的方法，可以快速计算出每个椭球子面的光通量，然后将每个子面的能量调节均匀，就可以获得 11×11 个子面。通过在这些椭球子面上取点，可以获得所需的数据点。一般情况下，选取每个子面的最高点作为所需的数据点，然后就可以得到一组数据。接着利用椭球面的性质，可以求得每个数据点对应的法向约束。

11.1.3 T样条曲面描述

现给定n个三维空间中的散乱数据点集$\boldsymbol{P}=\{\boldsymbol{p}_i=(x_i,y_i,z_i),i=1,2,\cdots,N\}$，且对于每个数据点带有一个有向的单位法向量$\boldsymbol{N}=\{\boldsymbol{n}_i,i=1,2,\cdots,N\}$，需要找到一张光滑的曲面$f(x,y)$去逼近给定的数据点和相应的法向约束。本章采用T样条曲面来拟合数据点和法向约束，定义在二维T网格上的T样条曲面方程如下：

$$z=f(x,y)=\frac{\sum_{i=1}^{m} f_i B_i(x,y)}{\sum_{i=1}^{m} B_i(x,y)}, \quad (x,y)\in\varOmega$$

其中，f_i是控制系数；控制系数f_i对应的T样条基函数$B_i(x,y)$为

$$B_i(x,y)=N[\boldsymbol{s}_i](x)N[\boldsymbol{t}_i](y)$$

其中，$N[\boldsymbol{s}_i](x)$ 和 $N[\boldsymbol{t}_i](y)$ 是三次 B 样条基函数，相应的节点向量为 $\boldsymbol{s}_i=[s_{i0}, s_{i1},\cdots,s_{i4}]$ 和 $\boldsymbol{t}_i=[t_{i0},t_{i1},\cdots,t_{i4}]$。

11.1.4 构造二维T样条

T 样条是允许出现 T 节点的矩形网格，它的控制网格的顶点不要求整行整列地排列，因此构造 T 网格可以在数据点密集的地方多插入控制系数，在数据点稀疏的地方少插入控制系数，这使得 T 网格相比于 B 样条的控制网格大大减少了网格点的数量，在保证类似精度的前提下提高了重建曲线的效率。本章利用四叉树方法构造二维 T 网格的步骤如下。

(1) 定义一个细分的最大次数和一个阈值，其中，阈值表示每个矩形块中允许包含的最大点数。

(2) 计算每个矩形块中包含的数据点数量，若某个矩形块包含的数据点个数大于给定的阈值，则对其进行细分，使其变成四个大小相同的小矩形块。

(3) 重复步骤 (2)，直到每个矩形块包含的点数小于阈值或者达到最大的细分次数。

(4) 输出细分后得到的 T 网格。

图 11.4 是由本章在光学反射面上的数据点构造出来的二维 T 网格。

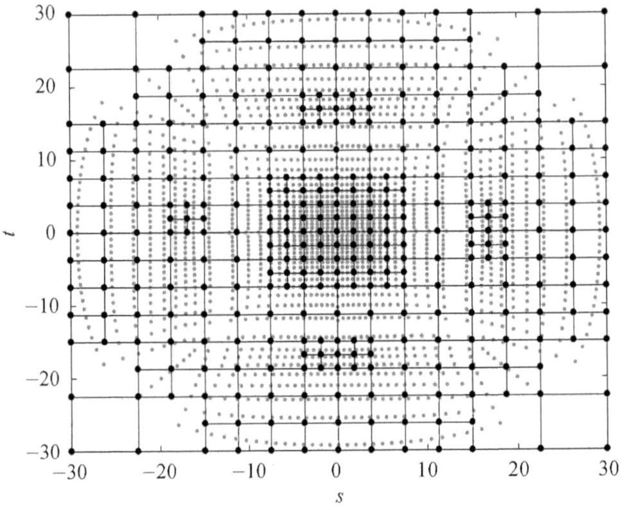

图 11.4　二维 T 网格

11.1.5　T样条曲面拟合

通过给定的数据点和法向约束条件，可以将其转化为如下线性方程组：

$$\begin{cases} f(x_i, y_i) = z_i \\ f_x(x_i, y_i) = -n_{ix} / n_{iz}, \quad i = 1, 2, \cdots, N \\ f_y(x_i, y_i) = -n_{iy} / n_{iz} \end{cases} \tag{11.11}$$

将线性方程组（11.11）写成矩阵形式：

$$\boldsymbol{AF} = \boldsymbol{C} \tag{11.12}$$

其中，$\boldsymbol{F} = [f_1, f_2, \cdots, f_m]^{\mathrm{T}}$ 为 T 网格中待求的控制系数；$\boldsymbol{C} = [\boldsymbol{Z}, \boldsymbol{N}_x, \boldsymbol{N}_y]^{\mathrm{T}}$ 是一个 $3N \times 1$ 的向量，其中 $\boldsymbol{Z}, \boldsymbol{N}_x, \boldsymbol{N}_y$ 都是 $N \times 1$ 的向量，这里 $\boldsymbol{Z} = [z_1, z_2, \cdots, z_n]$，$\boldsymbol{N}_x$和$\boldsymbol{N}_y$ 的每一项分别为$-n_{ix} / n_{iz}, -n_{iy} / n_{iz}$（$i = 1, 2, \cdots, N$）；$\boldsymbol{A} = [\boldsymbol{B}^{\mathrm{T}}, \boldsymbol{B}_x^{\mathrm{T}}, \boldsymbol{B}_y^{\mathrm{T}}]^{\mathrm{T}}$ 是一个 $3N \times M$ 的系数矩阵，这里 $\boldsymbol{B}, \boldsymbol{B}_x, \boldsymbol{B}_y$ 均为 $N \times M$ 的子块，三个子块的元素分别为

$$b_{st} = B_t(x_s, y_s)，\quad (b_x)_{st} = \frac{\partial B_t(x_s, y_s)}{\partial x}，\quad (b_y)_{st} = \frac{\partial B_t(x_s, y_s)}{\partial y}$$

通过求解方程组（11.12），可以确定控制系数的值，从而获得一张 T 样条曲面。

11.2　实验与比较

本章设定光源为朗伯型，鳞甲面的中心子面顶点距光源−400mm，目标面距光源 400mm，离散点规模为33×33，离散点均匀分布在边长 400mm 的正方形区域中。首先利用 SEM 迭代优化方法获得均匀度大于 0.99 的离散光分布；然后计算出对应的支撑曲面，从而得到数据点与法向约束；最后利用 T 样条曲面重建算法，得到光滑的 T 样条曲面。

图 11.5 为重构出来的光学曲面，数据点数为 1985 个，其控制顶点数为 341 个，而 B 样条为了满足其拓扑约束，则需要 529 个控制顶点来达到相同精度。拟合的数据点最大误差为 8.7μm，法向最大误差为 0.0097°。

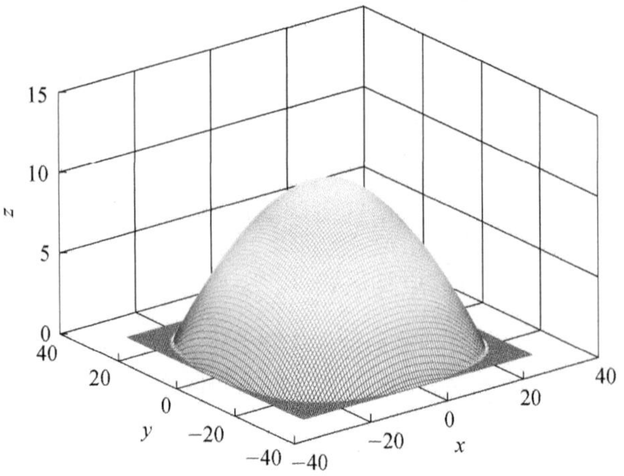

图 11.5　基于 T 样条重构出的自由光学曲面

由于本章需要通过 SQM 方法来获得初始的支撑面，因此进一步比较了本章提出的计算支撑曲面的方法在 K 空间不断细分下的效率，结果如图 11.6 所示。可以看到，本章方法在子面规模较大时运行时间与子面规模近似线性变化，并且离散点规模在 33×33 时仅需 83s 就能调节均匀，而传统的数光线法则需要十几个小时。

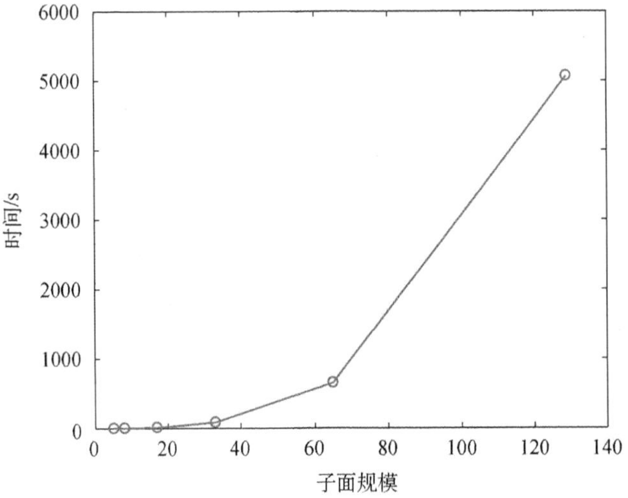

图 11.6　计算支撑曲面的时间随子面规模的变化过程

11.3 本章小结

本章在生成SQM子面时提出一套解析与数值方法相结合的求解思路，较快获得了初始支撑曲面。在这基础上，本章提出了一种以数据点和法向量为约束条件的T样条曲面的光滑化方法，实现了光滑曲面的重构。通过实验比较发现，本章提出的生成SQM子面的方法极大地减少了运行时间。此外，在对数据点和法向约束进行拟合过程中，本章重构得到的曲面数据点误差与法向均较小。同时由于T样条本身的优越性，相比于传统的B样条，本章方法大大减少了控制顶点的数量，从而减少了运算量。本章算法在点法误差精度上仍有提升空间，如构造更加合适的二维T网格使得更好地约束一些曲率较大的点。

参考文献

[1] 任浩杰. 带法向约束的T样条曲线曲面重建. 杭州: 浙江工业大学, 2021.

彩　　图

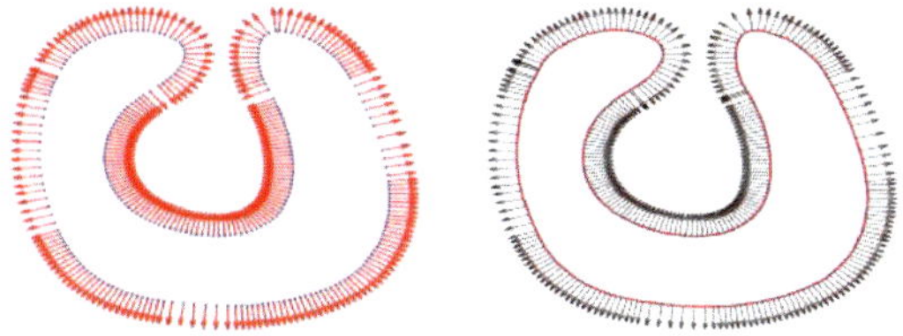

（a）初始采样点及法向　　　　（b）方法1

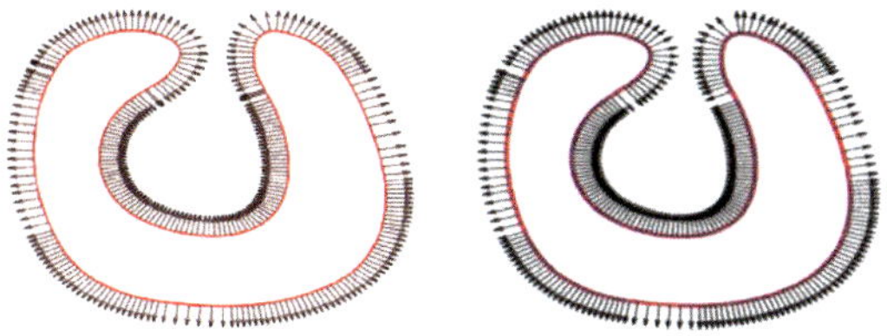

（c）方法2　　　　（d）本章方法

图 5.1　例 5.1 曲线模型拟合

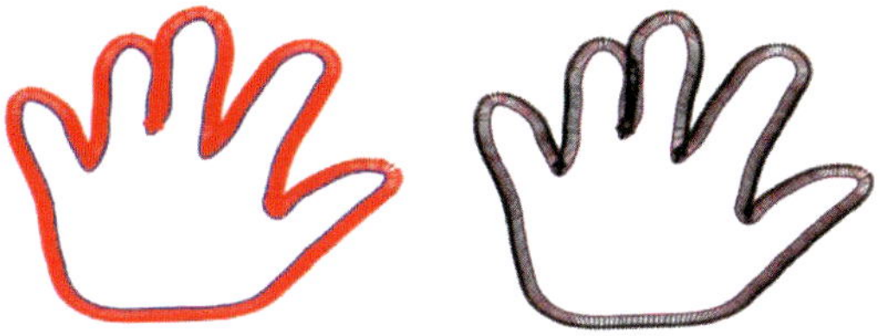

（a）初始采样点及法向　　　　（b）方法1

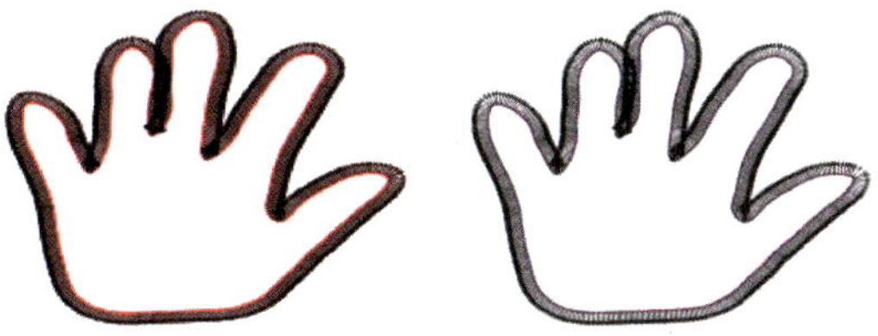

（c）方法2　　　　（d）本章方法

图 5.2　例 5.2 曲线模型拟合

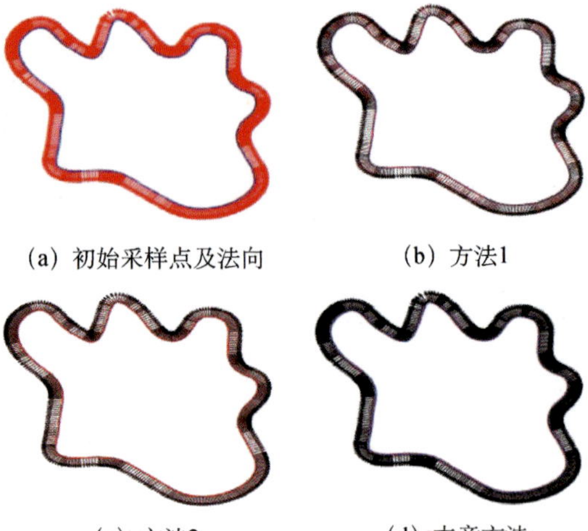

（a）初始采样点及法向　（b）方法1

（c）方法2　（d）本章方法

图 5.3　例 5.3 曲线模型拟合

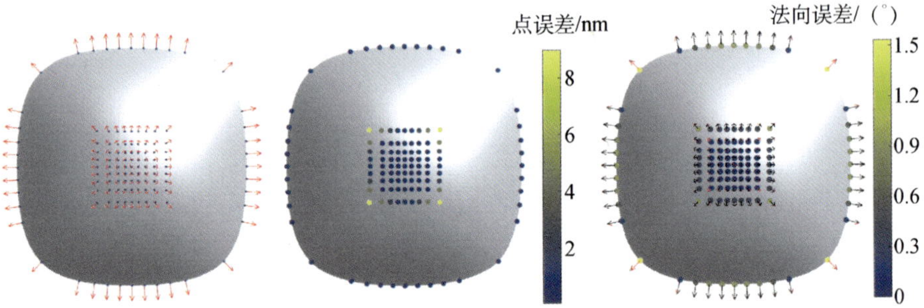

（a）点法数据集和重建曲面　（b）点误差分布图　（c）法向误差分布图

图 7.2　曲面光滑重建

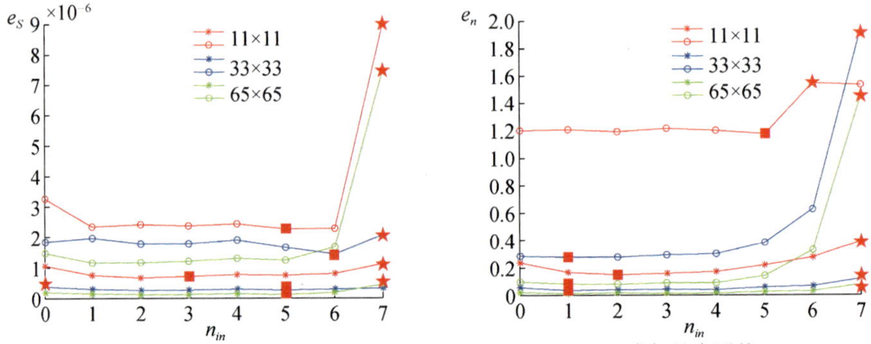

（a）点误差　（b）法向误差

图 7.4　n_r 和规模量级对重建鳞甲面的点法误差的影响

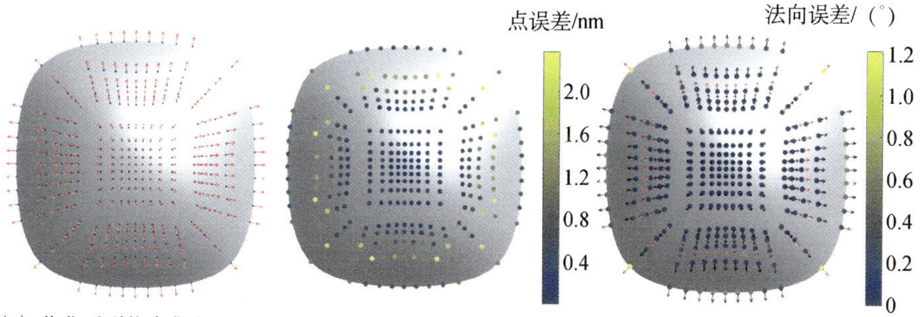

（a）优化后型值点集和法矢量集　（b）优化后点误差分布图　（c）优化后法向误差分布图

图 7.6　边缘细分优化后的曲面光滑重建

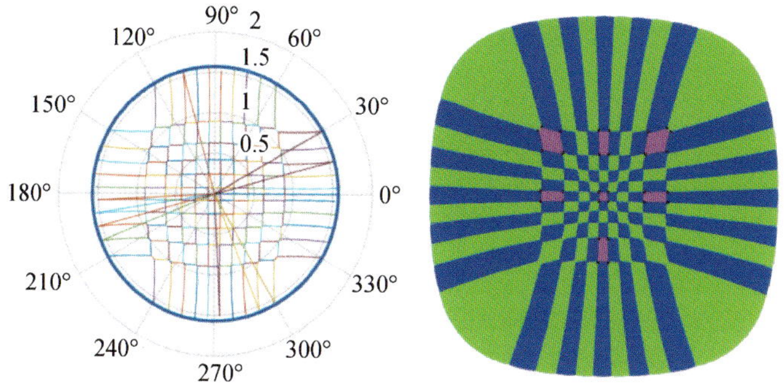

(a)　(b)

图 11.2　11×11 椭球子面交点分布图